Água e sustentabilidade no sistema solo-planta-atmosfera

série
SUSTENTABILIDADE

Arlindo Philippi Jr
COORDENADOR

Água e sustentabilidade no sistema solo-planta-atmosfera

Klaus Reichardt

Ph.D. em Ciência do Solo e professor do Centro de Energia Nuclear na Agricultura da Escola Superior de Agricultura da USP

Luís Carlos Timm

Pós-doutorado em Física do Solo e professor da Universidade Federal de Pelotas

Manole

Editor gestor: Walter Luiz Coutinho
Editora responsável: Ana Maria da Silva Hosaka
Produção editorial: Marília Courbassier Paris
Editora de arte: Deborah Sayuri Takaishi
Capa, projeto gráfico e diagramação: Acqua Estúdio Gráfico

Dados Internacionais de Catalogação na Publicação (CIP)
(Câmara Brasileira do Livro, SP, Brasil)

Reichardt, Klaus
Água e sustentabilidade no sistema solo-planta-atmosfera /
Klaus Reichardt, Luís Carlos Timm. -- Barueri, SP : Manole, 2016. --
(Série sustentabilidade / Arlindo Philippi Jr., coordenador)

Bibliografia.
ISBN 978-85-20-4679-9

1. Agricultura - Aspectos ambientais 2. Água - Conservação 3. Desenvolvimento sustentável 4. Solos - Brasil 5. Solos - Conservação 6. Solos - Manejo I. Timm, Luís Carlos. II. Philippi Junior, Arlindo. III. Título. IV. Série.

16-05264 CDD-630

Índices para catálogo sistemático:
1. Manejo e conservação dos solos e da água : Sustentabilidade : Ciências agrárias 630

1ª edição – 2016

Editora Manole Ltda.
Av. Ceci, 672 – Tamboré
06460-120 – Barueri – SP – Brasil
Tel.: (11) 4196-6000 – Fax: (11) 4196-6021
www.manole.com.br
info@manole.com.br

Impresso no Brasil
Printed in Brazil

Sumário

Sobre os autores

KLAUS REICHARDT

Doutor em Agronomia pela Universidade de São Paulo (USP) e Ph.D. em Ciência do Solo pela Universidade da Califórnia, Estados Unidos. Professor sênior do Centro de Energia Nuclear na Agricultura e da Escola Superior de Agricultura Luiz de Queiroz (Cena/Esalq) da USP. Autor de diversos livros, entre eles *Solo, planta e atmosfera: conceitos, processos e aplicações*, em sua terceira edição, publicado pela Editora Manole. Atua na área de sustentabilidade na agricultura, com foco em pesquisas relacionadas ao sistema solo-planta-atmosfera, física do solo, agrometeorologia e técnicas nucleares aplicadas à agricultura. Seu foco principal sempre foi o do uso da água na agricultura, voltado para uma agricultura racional que visa a eficiência de seu uso, minimizando desperdícios e a poluição da água durante seu manejo. É orientador de mais de 80 alunos de mestrado e de doutorado; conta também com sete alunos de pós-graduação na Esalq e no Cena.

LUÍS CARLOS TIMM

Mestre em Engenharia Agrícola pela Universidade Federal de Viçosa (UFV), doutor em Agronomia e pós-doutorado em Física do Solo pela Universidade de São Paulo (USP). Coautor do livro *Solo, planta e atmosfera: conceitos, processos e aplicações*, em sua terceira edição, publicado pela Editora Manole. É professor associado da Faculdade de Agronomia Eliseu Maciel da Universidade Federal de Pelotas (UFPel), atuando na área de sustentabilidade na agricultura, com foco em pesquisas relacionadas ao sistema solo-planta-atmosfera, física do solo e técnicas nucleares aplicadas à agricultura. Seu foco principal sempre foi o do uso da água na agricultura, voltado para uma agricultura racional que visa à eficiência de seu uso, minimizando desperdícios e a poluição da água durante seu manejo. Orientador de mais de 20 alunos de mestrado e de doutorado nessa temática e colaborador de projetos de extensão com foco na sustentabilidade da agricultura de sequeiro e irrigada.

Prefácio

Em meados de 2015 o Prof. Dr. Donald R. Nielsen, um dos maiores físicos do solo do mundo, nos fez um desafio. "Escrevam um livro sobre solo para um público mais geral, mas sem perder a profundidade requerida, para o Ano Internacional do Solo (2015)". Ele nos deu a sugestão de pegar os arquivos de nosso livro atual de pós-graduação – *Solo, Planta e Atmosfera: conceitos, processos e aplicações*, também publicado pela Editora Manole, em sua terceira edição – e dele retirar todas as equações matemáticas e figuras complicadas. Assim foi feito. Mas, ao simplesmente eliminar as equações, o texto ficou incompreensível. Equações matemáticas são uma forma de "enxugar" textos, pois elas substituem grandes parágrafos. E tínhamos o limite de cerca de 150 páginas, quando o original possuía 500. Em resumo, deu muito trabalho reduzir o texto e explicar em palavras as equações retiradas. O resultado está aí, para julgamento dos leitores.

Na apresentação deste livro, feita pelo colega Prof. Dr. Ole Wendroth, seu conteúdo é mostrado em detalhe, evidenciando seu caráter de sustentabilidade para a preservação de nosso planeta para as gerações futuras. O texto faz parte da Série Sustentabilidade, coordenada pelo Prof. Dr. Arlindo Philippi Jr, que é um conjunto de livros sobre temas relevantes em diversas áreas do conhecimento, mas todos com o enfoque no desenvolvimento sustentável. Acreditamos que esta obra colabore na compreensão de grandes temas da atualidade, como o do aquecimento global. Este aquecimento do ambiente terrestre, seja de causa antrópica ou de causa natural, como as variações na atividade solar, ou ainda de ambas, está trazendo efeitos significativos sobre a agricultura, até o momento nosso carro-chefe da macroeconomia. As consequências mais evidentes e recentes ocorrem na atmosfera, no clima das diversas regiões, afetando o zoneamento agrícola, o controle da erosão do solo, o comportamento das culturas agrícolas, e levando a grandes perdas em produtividade.

Em paralelo, o regime de água é afetado com períodos exagerados de seca ou de excesso de água. Exemplos são a dificuldade do armazenamento de água para as grandes megalópoles como São Paulo, e os baixos níveis de água no Rio São Francisco, que corta uma imensa área de nosso território, com uma população significativa. Em longo prazo, o solo também é afetado e as previsões para os anos 2050 ou 2100 não são nada animadoras, caso não haja uma mudança em nosso modo de vida. Soma-se a tudo isso a negligência de muitos de nossos cidadãos, que mesmo cientes dos efeitos de suas ações, deixam que o lucro fale mais alto. É o caso do desmatamento de nossas florestas e o mais recente desastre ambiental no vale do Rio Doce, provocado por um previsível e remediável desmoronamento de uma barragem para rejeitos de mineração. O dinheiro falou mais alto.

Nossa intenção foi, portanto, de escrever um texto que ajude a todos os interessados no tema sustentabilidade a compreender os processos que regem a dinâmica do Sistema Solo-Água-Planta-Atmosfera. Desejamos que o leitor tenha uma ótima jornada na descoberta desses processos!

Os autores

Apresentação

É terça-feira pela manhã em Davis, Califórnia, no dia 7 de setembro de 1995, e eu estou muito nervoso porque em cerca de duas horas terei de fazer uma apresentação oral na Conferência Vadose Zone Hydrology que ocorria como homenagem aos currículos científicos de Donald R. Nielsen e James W. Biggar. Aguardando no *foyer* da conferência, uma pessoa com aparência muito amigável me cumprimenta e se apresenta com "Eu sou Klaus!". "Ah, este é Klaus Reichardt", eu penso comigo mesmo. Finalmente eu tenho o prazer de encontrá-lo em pessoa. Como um estudante de pós-graduação há mais de 20 anos passados ele já era um pioneiro ao introduzir conceitos de escalonamento na física de solos. E, retornando para o Brasil, suas não precedentes e criativas coletas de amostras de solos no sentido de melhor compreender a fixação simbiótica de nitrogênio afetaram grandemente toda minha carreira. Ao falar comigo com um sorriso radiante e atitude positiva, meu nervosismo imediatamente passou. Mais tarde, durante a conferência, fiquei sabendo sobre suas habilidades artísticas admirando sua aquarela do prédio principal do campus da Universidade de São Paulo em Piracicaba, cercada atrativamente pelos nomes dos alunos e estudantes de Don.

Olhando para os anos passados enquanto me tornei mais firmemente familiarizado com Klaus e sua esposa Ceres, fiquei sabendo mais e mais sobre seus sucessos na carreira científica. Um dia, um de meus colegas disse:

"Parece que a física de solos é uma das mais fortes disciplinas no Brasil. Você sabe por quê?". "Eu sei. É por causa do Klaus Reichardt". Klaus está entre os mais influentes cientistas do mundo. Os muitos prêmios que recebeu não são suficientes para celebrar sua excelente capacidade, criatividade e personalidade. Uma de suas maiores conquistas foi colaborar com a fundação do Centro Nacional de Pesquisa e Desenvolvimento da Instrumentação na Agropecuária (CNPDIA), no qual físicos e agrônomos colaboram para melhorar a produtividade e avançar no desenvolvimento da agricultura no Brasil, como também na ciência relacionada à agricultura. Mas também há um prêmio que merece ser mencionado aqui como uma expressão da personalidade especial do Klaus, tendo sido eleito em 2013 Cidadão do Município de Piracicaba.

Não mais que cinco anos após nosso primeiro encontro, eu tive o prazer sem igual de interagir com Luís Carlos Timm, aluno de pós-graduação de Klaus, que trabalhou comigo por meio ano no Zentrum fuer Agrar-Landschafts-Forschung (Zalf) na Alemanha. Durante esse tempo ele trabalhou intensivamente na análise de experimentos de drenagem interna e de conjuntos de dados espaciais que tinha coletado no Brasil. Hoje, Timm, que possui diplomas em Engenharia Agrícola e Agronomia, é professor da Universidade Federal de Pelotas. Ele leciona física de solos e hidrologia, e é um dos peritos de fronteira na análise espaço-estado (*state-space*), que aplicou essa modelagem estocástica em uma variedade de conjuntos de dados coletados por ele e por seus alunos. Por muitos anos, os professores Reichardt e Timm ministraram aulas de física de solos e de estatística espacial-temporal para alunos e jovens cientistas do globo, no Centro Internacional de Física Teórica em Trieste, Itália, provocando inspirações duradouras nesses jovens cientistas no sentido de alavancar sua educação, pesquisa e agricultura prática em seus respectivos países.

As lembranças de minha primeira visita a Piracicaba, por ocasião do Primeiro Encontro de Física de Solos do Brasil, em setembro de 2011 e organizado por Quirijn de Jong van Lier, quando Klaus, Ceres e eu nos vimos novamente, ainda estão vivas em minha memória. As experiências dessa conferência e da subsequente no Rio de Janeiro, organizada por Marcos Ceddia e Marta Vasconcelos Ottoni em 2013, foram uma grande inspiração para mim de várias formas: o grande vínculo entre ciências aplicadas e básicas como resultado de um alto nível de educação, e entre os indivíduos o respeito de um para o outro. Essas visitas foram uma bela inicialização para nossa existência e a base de novas amizades e interação.

Com seu mais novo livro, *Água e sustentabilidade no sistema solo-planta-atmosfera*, os professores Reichardt e Timm alcançam uma vasta audiência. Especialmente para os leitores sem uma forte base em ciências agronômicas e da terra, este livro é uma grande "cartilha" que leva a uma introspecção e compreensão do papel do ser humano no manejo dos solos, da água, das culturas e da atmosfera de forma sustentável. Enquanto introduzem vários tópicos complexos e apresentam o estado da arte no conhecimento de vários processos do agroecossistema, este livro é escrito de uma forma tal que pode ser facilmente entendido por leigos, isto é, sem muitas equações e com ilustrações muito didáticas. Reichardt e Timm levam o leitor por 16 capítulos nos quais enfatizam a importância do conhecimento sobre sistemas naturais, e sobre como alimento e fibra podem ser produzidos com eficiência enquanto os recursos e importantes funções reguladoras desses sistemas são preservados.

No primeiro capítulo os autores introduzem e ilustram os maiores desafios de uma população crescente sobre a Terra e um aumento da falta de recursos. Propriedades fundamentais da água e seu papel no meio ambiente, sua abundância nacional e sua relevância no manejo agrícola são explicados no Capítulo 2. No Capítulo 3, os autores apresentam os fundamentos do solo, iniciando com uma descrição de um perfil, explorando detalhes da estrutura dos minerais de argila, e depois fazendo uma visão panorâmica dos solos do Brasil. O crescimento vegetativo, os diferentes estádios fenológicos e aspectos do ciclo das plantas são elucidados no Capítulo 4. Uma vista global da composição gasosa da atmosfera e os fundamentos das leis de pressão, temperatura e radiação são apresentados no Capítulo 5. No próximo capítulo o leitor é capaz de se familiarizar com alguns princípios da termodinâmica, e é introduzido na capilaridade do sistema poroso do solo. Uma boa visão dos instrumentos de medida de variáveis do solo relacionadas à umidade do solo é fornecida no Capítulo 7. O passo mais lógico seguinte é a introdução dos princípios do transporte da água no solo. E, com certeza, ao considerar o transporte de água em solos, temos que levar em conta os solutos que são transportados conjuntamente, enquanto suas cargas elétricas determinam a interação com a fase sólida e entre solutos. Uma visão minuciosa no regime térmico dos solos é dada no Capítulo 10 e o leitor tem a oportunidade de aprender sobre aspectos e implicações práticas da infiltração da água no solo nos Capítulos 11 e 12, antes de direcionar sua atenção para a evaporação, evapotranspiração e coeficiente de cultura. O Capítulo 14 enfoca o contínuo solo-planta-atmosfera. Aspectos do balanço de água são ilustrados no Capítulo 15, que termina com o impacto da produção agrícola sobre o balanço hídrico. A absorção de nutrientes é o tópico do Capítulo 16, antes dos autores fecharem o livro com considerações finais e uma visão geral global.

Este livro é uma grande fonte para aqueles interessados em se familiarizar com processos básicos de transferência de massa e energia em ecossistemas agrícolas. Ele é um grande estímulo para aqueles que se decidem por estudar os processos relevantes do ciclo da água, da produção vegetal e os processos que governam as alterações cíclicas do clima em maior detalhe.

Klaus Reichardt e Luís Carlos Timm merecem uma grande apreciação por este livro extremamente bem escrito e por seu desejo bem-sucedido de apresentar material complexo de forma digerível para leitores que ainda não possuem uma grande experiência científica, ou aqueles que estão iniciando nas agrogeociências no Brasil, que é uma das nações mais fortes em termos de produção agrícola. Na verdade, este livro é inspirador e, com seu grande valor educacional, ajudará a substituir crenças e suposições impulsionadas pela emoção por conhecimento qualificado, levando a soluções racionais para o suprimento de alimentos para nossa sociedade, com manejo limpo e sustentável de nossos recursos.

Ole Wendroth
University of Kentucky

Parte 1

OS SISTEMAS QUE COMPÕEM O SISTEMA SOLO-PLANTA-ATMOSFERA (SSPA)

O sistema solo-planta-atmosfera (SSPA) pode ser considerado a própria biosfera, na qual se desenvolvem os processos relacionados à vida na Terra. É uma camada muito fina em relação às proporções de nosso planeta. Para entender seu funcionamento como um todo são imprescindíveis as definições e as descrições dos elementos desse sistema, o que será visto na primeira parte desta obra. Trata-se de um sistema dinâmico, que apresenta um equilíbrio tênue de um conjunto articulado por inter-relacionamentos entre as partes de seu todo. Quando perturbado, sempre busca reestabelecer seu equilíbrio e se autorregula permanentemente mediante processos regidos por leis muito bem definidas. Troca "informações" em uma interdependência ecológica em que tudo está interligado.

Nesta Parte 1 deste livro, abordamos cada elemento que compõe o SSPA. Cada elemento, por sua vez, pode ser considerado um novo sistema. Dessa forma, a água, o solo, a planta e a atmosfera são descritos de modo a fornecer as informações necessárias para que possamos estudar os processos dinâmicos de matéria e de energia que neles ocorrem.

1 O homem e a sustentabilidade no sistema solo-planta--atmosfera (SSPA)

INTRODUÇÃO

A crosta terrestre cobre cerca de 500 milhões de km^2; destes, 143 milhões de km^2 representam terra firme sobre a qual os solos se formaram. Os solos apresentam uma espessura diminuta em relação às dimensões do planeta de tal forma que a crosta terrestre pode ser considerada sua "pele". E é nessa pele que se apresenta o SSPA, assunto central deste texto.

O solo é uma parte essencial desse sistema e sua importância é reconhecida desde os primórdios das civilizações humanas, entre as quais a civilização grega. De especial curiosidade é o mito clássico sobre a deusa Deméter (para os romanos, Ceres) que envolve o uso da terra, isto é, a agricultura. Ao ser libertada por Zeus, Deméter passou a cuidar dos grãos, das lavouras e dos solos. Porém, sua filha Perséfone foi raptada por Hades, filho de Zeus e deus das profundezas. Deméter, por vingança, tornou inférteis os campos antes produtivos, o que causou fome e uma queda nos sacrifícios aos deuses. Assim, Zeus propôs uma trégua a Deméter, permitindo que Perséfone passasse dois terços do ano na superfície com a mãe e um terço com Hades nas profundezas. Com isso, apareceram as estações do ano e Deméter passava feliz com Perséfone a primavera, o verão e parte do outono, quando os campos produziam trigo, fibras e frutos em abundância. Ao fim do outono e no inverno, Deméter ficava triste sem a filha, e os campos se cobriam de neve. Deméter é considerada a deusa da agricultura, e palavras como *cereal* e *cerveja* advêm de seu nome na mitologia romana.

O homem, ciente da importância do solo e, consequentemente, do SSPA, tem exagerado nas formas de prática da agricultura. Nos séculos XX e XXI, o SSPA sofreu mudanças nunca antes ocorridas na evolução da humanidade, sobretudo no que se refere a avanços científicos e tecnológicos. Esses avanços afetaram o equilíbrio de plantas, animais e microrganismos que vivem em determinadas áreas e se constituem de uma comunidade biológica, interligados por complexa rede de relações funcionais que inclui o ambiente no qual vivem. O conjunto dos componentes físicos, químicos e biológicos, interdependentes entre si, constitui o que os biólogos denominam ecossistema. Esse conceito se baseia sobretudo nas relações funcionais entre os organismos vivos e o ambiente em que vivem.

A biosfera como um todo pode ser considerada um ecossistema, pois representa um "envelope" extraordinariamente pequeno em relação às dimensões de nosso planeta e sustenta a única forma de vida conhecida no universo. Há cerca de 400 milhões de anos, condições favoráveis ao desenvolvimento vegetal permitiram um enriquecimento da atmosfera até uma mistura de aproximadamente 20% de oxigênio, mais nitrogênio, argônio, gás carbônico e vapor de água. Com precisão incalculável, essa mistura foi praticamente mantida ao longo dos milênios por plantas, animais e microrganismos que a usavam e a reconstituíam em taxas iguais. O resultado foi um sistema fechado, um ciclo balanceado no qual nada se perde, tudo se aproveita, preservando um equilíbrio dinâmico. Equilíbrio dinâmico é uma forma de equilíbrio no qual há movimento, mas os elementos de que dele participam são invariáveis no tempo. Por exemplo, um reservatório de água recebe continuamente de uma torneira 5 L de água por minuto, e, pelo "ladrão", perdem-se igualmente 5 L de água por minuto. O nível de água no tanque permanece inalterado, mas há um movimento constante de água.

Para manter esse equilíbrio dinâmico todos os ecossistemas requerem quatro elementos básicos:

- Substâncias inorgânicas (gases, minerais, íons etc.).
- Produtores (plantas), que convertem essas substâncias inorgânicas em alimentos orgânicos.

- Consumidores (animais), que se utilizam dos alimentos.
- Decompositores (microrganismos), que transformam essas substâncias orgânicas em compostos mais simples que possam ser reusados por produtores, consumidores e, até mesmo, por decompositores, fechando assim o ciclo.

Apenas os produtores têm capacidade de usar a energia solar, produzindo tecido vivo. Ou seja, o Reino Vegetal sustenta o Reino Animal, e ambos deixam seus restos para os decompositores. O uso eficiente dos produtos de decomposição pela natureza é também fator fundamental na formação de um solo. E esse processo é tão delicado e complexo que se estima que a formação de alguns centímetros de solo fértil leva séculos.

Os ecossistemas são regidos por uma série de leis fundamentais à manutenção do equilíbrio e da vida. Uma delas é a adaptação: cada espécie encontra e se adapta em um lugar preciso no ecossistema que lhe fornece alimento e ambiente de sobrevivência. Ao mesmo tempo, todas as espécies têm o poder defensivo de se multiplicar mais rapidamente do que sua própria taxa de mortalidade. Como resultado, predadores tornam-se necessários para manter as populações dentro dos limites de sua disponibilidade de alimento. O jaguar que caça um antílope é necessário para a manutenção da comunidade de antílopes, mesmo que isso não pareça justo para o indivíduo eliminado. A lei da diversidade também é necessária: quanto mais espécies diferentes existirem em uma área (biodiversidade), tanto menor a chance de uma delas proliferar e dominar a região. A diversidade é a tática de sobrevivência na natureza.

O SSPA, como parte da biosfera, está sujeito a todas essas leis e princípios. Do ponto de vista do homem, é o sistema fornecedor das substâncias inorgânicas, produtor de seus alimentos e decompositor que permite que o ciclo se feche. Entretanto, o homem violou todas as leis de seu equilíbrio e tem ameaçado tanto a natureza quanto sua própria existência no planeta. Um dos principais fatores desse desequilíbrio é a explosão demográfica, que contraria a lei da diversidade da natureza. Estima-se que a população de *Homo sapiens* passou de 5 milhões há 8 mil anos para 1 bilhão em 1850, o que demonstra claramente que, nesse longo período, havia um razoável equilíbrio entre homem e natureza. No entanto, de 1850 para cá o tempo necessário para a duplicação da população mundial vem diminuindo significativamente. Em 1930, a população mundial alcançou os 2 bilhões de indivíduos; em 1991, já ultrapassava a casa dos 5 bilhões. Na Figura 1.1 pode-se verificar esse crescimento exponencial. Em 2015, de acordo com o United States Census Bureau (USCB), a cifra dos 7,2 bilhões foi atingida. Felizmente, nos primeiros anos do século XXI, já se pode verificar alguma desaceleração desse crescimento populacional. Mesmo assim, estimativas para 2100 são:

- Pessimista – na mesma tendência e sempre crescente, chegando a 16 bilhões.
- Média – estabilizando-se em 10 bilhões.
- Otimista – crescendo devagar até 2040 e, depois, decrescendo para 6 bilhões em 2100.

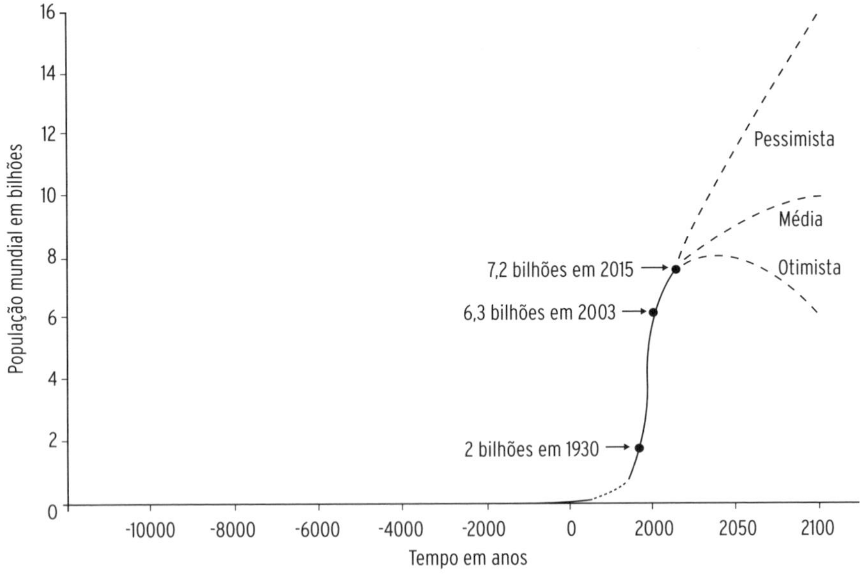

Figura 1.1: Distribuição da população mundial ao longo do tempo.

Essa grande população é o fundamento de uma série de outros problemas que ameaça os ecossistemas, entre os quais se destaca a poluição ambiental, que ocasiona uma alteração tal no ambiente que este, muitas vezes, não tem meios de reagir. Em termos científicos, trata-se de um afastamento tão grande e brusco do estado de equilíbrio dinâmico mantido ao longo dos séculos que, na maioria das vezes, pode ser considerado irreversível. As fontes de poluição podem ser as mais variadas possíveis. De origem urbana, podemos destacar os efluentes (esgoto), o lixo sólido e a drenagem de águas pluviais que arrasta consigo toda sorte de resíduos; de origem industrial, os efluentes inorgânicos e orgânicos, como também o aumento da temperatura da água; de origem agrícola, materiais inorgânicos (adubos) e orgânicos (pesticidas, inseticidas, herbicidas) e a erosão. São ainda de grande importância os resíduos radioativos e as grandes obras de engenharia de construção.

O PROBLEMA DA ÁGUA

No SSPA cada constituinte sofre uma influência típica do homem. Em primeiro lugar trataremos da água.

Essencial à vida, é encontrada na face da Terra em maiores quantidades do que qualquer outra substância pura. Cerca de 97,5% das águas são salgadas e 2,5%, doces. Da porcentagem de água doce, 69% representam geleiras e neves eternas; 30%, água subterrânea; 0,7%, outros reservatórios não prontamente disponíveis; e 0,3% está em lagos e rios prontamente disponíveis para o homem. Destes últimos, 65% são utilizados em atividades agrícolas; 22%, pela indústria; 7%, pelos municípios; e os outros 6% são perdidos em termos de uso para o homem. Por essas razões a escassez de água potável já pode ser sentida há muito tempo. Em especial em 2013 a 2015, quando os reservatórios de água dos grandes centros, São Paulo e Rio de Janeiro, chegaram a níveis muito críticos.

Os 65% de água doce destinados à agricultura são utilizados quase integralmente na irrigação. Assim, um manejo mais racional da irrigação pode levar à economia de grandes volumes de água. É importante notar que, para produzir 1 kg de batata, desde seu plantio até sua entrega ao consumidor, gastamos 133 L de água; de arroz, 2.500 L; de carne de frango, 3.700 L; e de carne de boi, 17.000 L. Essa é a razão pela qual a agricultura consome muita água. Hoje, no mercado de exportação/importação de *commodities* agrícolas, já se começa a falar na cobrança da água necessária para produzi-las (chamada água virtual), quando exportadas. Na exportação de milho e soja, por exemplo, que atinge milhares de toneladas, nós utilizamos milhares de m^3 de água em sua produção, e a China (importador) apenas consome o produto. A questão do consumo e, por consequência, da escassez de água é um grande problema mundial, um desafio para o século XXI.

A poluição da água pode ocorrer pelos mais variados agentes:

- Produtos biodegradáveis e substâncias orgânicas em geral.
- Produtos químicos (minerais, metais pesados, ácidos, bases).
- Produtos orgânicos não degradáveis (plásticos, detergentes, pesticidas e outros produtos da indústria petroquímica).

Esses agentes poluidores entram nas cadeias alimentares dos ecossistemas em determinadas fases e podem chegar ao homem. Problemas sérios são intoxicações por metais pesados, como chumbo, mercúrio, arsênico, cádmio etc.

Para águas paradas ou semiparadas, como em lagos e represas, é comum o uso do termo eutrificação para mudanças que ocorrem em corpos de água por causa do aumento na concentração de íons, sobretudo nutrientes, como substâncias que contêm nitrogênio (N) e fósforo (P). Esse aumento dos níveis de N e P de origem orgânica (industrial, urbana ou agrícola) ou de origem inorgânica (industrial) provoca um desbalanceamento nesses ecossistemas. Nessa situação, certas espécies de plantas, como algas, desenvolvem-se de forma assombrosa em relação às outras, modificando as condições de oxigenação, penetração de luz, temperatura, fauna e flora. A eutrificação é um processo praticamente irreversível e, nos poucos casos em que algo pôde ser feito, grandes somas foram despendidas para sua recuperação.

Para avaliar a ação dos agentes biodegradáveis, no que se refere a seu potencial de poluição, utiliza-se como índice a demanda bioquímica (ou biológica) de oxigênio (DBO). Esses agentes são indiretamente tóxicos, pois, para sua decomposição biológica, roubam o oxigênio dissolvido na água. Assim, quanto maior a DBO de um produto lançado em um curso de água, mais oxigênio retira-se da água. Essa diminuição do nível de oxigênio dissolvido na água tem grande influência sobre a fauna e a flora. O despejo de esgoto urbano e de resíduos das indústrias de papel e de restilo das usinas de açúcar e álcool em cursos ou corpos de água é um exemplo desse processo.

A DBO é a quantidade de oxigênio necessária para a decomposição de material biodegradável, em condições aeróbicas, por ação biológica. Assim, uma água servida de DBO = 6.000 mg por litro (ou ppm) refere-se a uma água tal que, a cada litro despejado em um rio, fará com que 6.000 mg do oxigênio nele dissolvido sejam consumidos. O esgoto urbano tem DBO entre 200 e 400 ppm, e o restilo de usinas de açúcar, entre 15 e 20 mil ppm. É evidente que a quantidade de material lançado em relação ao volume do corpo de água também é de grande importância na diminuição do teor de oxigênio dissolvido. Em geral, as águas têm teor de oxigênio dissolvido da ordem de 12 ppm. A maioria dos peixes exige um mínimo de 4 a 6 ppm. O lançamento de detritos com alta DBO em corpos d'água faz com que sejam atingidos valores de oxigênio dissolvido próximos de zero, com consequências dramáticas sobre a fauna aeróbica.

O PROBLEMA DO SOLO

O cultivo do solo para a produção agropecuária leva invariavelmente à modificação de ecossistemas naturais, que se encontram em equilíbrio físico-químico-biológico, estabelecido por milênios entre espécies, solo e clima, caracterizados pela diversidade e pela invariância no tempo. Na Figura 1.2 vê-se, ao fundo, uma mata natural que, cada vez mais, é substituída por monoculturas de características muito diferentes.

Figura 1.2: Interface entre a mata nativa em equilíbrio com a natureza e a área cultivada por plantio direto.
Fonte: cortesia de J.C. Sá.

A agricultura, em termos gerais, representa uma atividade altamente interferente no meio ambiente, mas necessária para a subsistência da espécie humana nos moldes atuais de civilização. Nas últimas décadas, o conceito de agricultura sustentável tomou pulso, podendo ser assim definido:

> A agricultura sustentável enfoca a produção agrícola obtida através do emprego dos mais recentes conhecimentos científicos e práticas de manejo, pelo ângulo da mínima agressão ao ambiente em que é conduzida, procurando conservar os recursos naturais envolvidos para as gerações futuras, sem perder em competitividade e considerando aspectos socioeconômicos e culturais relativos ao homem. (Reichardt et al., 2009, p. 59-62)

O cultivo do solo evoluiu desde os primórdios das atividades agrícolas até hoje, quando tecnologias e práticas agrícolas de alto nível são empregadas. Dentro da escala de avanços ocorridos no tamanho do solo, destaca-se o emprego do plantio direto (PD), um sistema de manejo que está entre os mais avançados do ponto de vista ecológico, nada deixando a desejar do ponto de vista agronômico (Figura 1.3). A substituição de sistemas naturais de alta diversidade por monoculturas de grande extensão precisa atender a uma série de requisitos, a fim de manter seu equilíbrio dinâmico para as gerações futuras. O PD, a nosso ver, é o sistema de cultivo que melhor serve a esse objetivo. Outro exemplo de cultivo, em que há preocupação com o bem-estar do ser humano e com a poluição ambiental, é o orgânico, que se propõe a produzir, principalmente, alimentos sem a adição de fertilizantes defensivos agrícolas químicos. Essa prática, porém, fica muito limitada por seu custo ante a numerosa população (ver Figura 1.1), acabando por atender apenas a uma fração mais abastada dela.

Na atividade agrícola, o solo é o ponto central de nossa atenção, logicamente submetido a determinado clima que permite o cultivo de determinada planta. Seus atributos físicos recaem sobre o tipo de material poroso de que se constitui, reflexo da qualidade, quantidade e arranjo de suas partículas formadoras, que vão desde minúsculas argilas a fragmentos da rocha da qual é formado. Nos sistemas naturais, como florestas, cerrados, campos ocupados principalmente por gramíneas, tanto a textura como a estrutura do solo permanecem praticamente constantes ao longo do tempo, como parte do equilíbrio tão importante à sua manutenção.

Figura 1.3: Vista de cultivo de milho por plantio direto sobre os restos da cultura precedente.
Fonte: cortesia de J.C. Sá.

Os agentes poluidores do solo podem ser classificados como se fez com os agentes poluidores da água. Aqui nos limitaremos a discutir três maneiras de poluição do solo: pela irrigação, pela fertilização e pelo uso de agrotóxicos.

Não é qualquer água que presta à irrigação. A irrigação adequada depende tanto da quantidade como da qualidade da água. No entanto, a preocupação com essas características da água para a irrigação foi desprezada, no Brasil, por muitos anos, pela abundância, qualidade e facilidade de manejo das fontes de água. A concentração de sais minerais da água, tanto qualitativa como quantitativamente, é de grande importância para a irrigação. Quantitativamente, a concentração salina de águas de irrigação é avaliada pela condutividade elétrica (CE). As águas são classificadas de acordo com sua viabilidade e risco para a irrigação. Por exemplo, nos Estados Unidos as águas com condutividade elétrica abaixo de 0,75 mmhos/cm (a 25 °C) são consideradas de primeira classe.

No Brasil, os critérios seguem os dos Estados Unidos, e a qualidade da água para irrigação deve ser analisada com base em seis parâmetros básicos:

- Concentração total de sais solúveis, dada pela CE, por causa do risco de tornar o solo salino.
- Proporção relativa de sódio (Na), cálcio (Ca) e magnésio (Mg), dada pela relação de adsorção de sódio (RAS), para evitar o risco de alcalinização (alto pH no solo) ou sodificação (alto teor de Na no solo).

- Concentração de elementos tóxicos às plantas.
- Concentração de bicarbonatos, pois estes tendem a precipitar o Ca e o Mg, aumentando a proporção de Na.
- Aspectos sanitários.
- Aspectos de entupimento de emissores em sistemas de irrigação localizada.

Uma desvantagem do critério da condutividade elétrica é o fato de que ele não leva em conta a qualidade do íon. Ca, Na, Mg e potássio (K) possuem efeitos distintos no solo, e o Na é o íon mais problemático. Muitas águas disponíveis para irrigação têm CE muito acima de 0,75, e irrigações descontroladas podem provocar dispersão do sistema coloidal do solo – alterando, de modo significativo, suas propriedades físicas –, determinar sua salinização e torná-lo infértil. Essas irrigações podem, ainda, contaminar os reservatórios de água subterrânea. Na Califórnia, por exemplo, o Vale Imperial, uma das regiões mais produtivas do globo, já nas décadas de 1960-70, encontrava-se ameaçado de gradativa salinização em decorrência das práticas impróprias de irrigação adotadas. A recuperação de áreas salinizadas é trabalho difícil e dispendioso, em especial por exigir muita água de boa qualidade e construção de sistemas de drenagem.

Em muitas partes do planeta, doses excessivas de fertilizantes (sobretudo os nitrogenados) têm sido utilizadas. A resposta desses fertilizantes na produtividade é compensadora, mas seu uso tem sido exagerado. Boa parte do excesso de fertilizante pode ser drenado para fora do sistema radicular da cultura, indo parar no lençol freático. Em extensas regiões, as águas subterrâneas já se encontram condenadas por causa da alta concentração de nitrato (NO_3) causada pelo uso excessivo de fertilizante.

Outro problema em relação ao solo é o uso de inseticidas e herbicidas. A demanda por alimento para populações cada vez maiores tem aumentado tanto que o uso de agrotóxicos em doses crescentes tornou-se imprescindível. Hoje o Brasil se encontra entre os países de maior consumo de agrotóxicos. Em culturas de soja transgênica, a cada safra, aplicam-se mais de trinta tipos de herbicidas e inseticidas em até oito pulverizações aéreas. Entre essas substâncias orgânicas, muitas não são biodegradáveis e são muito resistentes à decomposição por qualquer outro processo. Exemplos típicos são o DDT, o BHC, o 2,4-D e o glifosato, que, absorvidos por plantas e insetos, são levados pela água e, em dado momento, entram na cadeia alimentar dos ecossistemas pelas mais variadas portas. Como já dissemos, dentro do atual cenário de tecnologia agrícola, com o recente uso indiscriminado de sementes transgênicas, sem o devido aval científico, o Brasil está entre os maiores consumidores de agrotóxicos.

O PROBLEMA DA ATMOSFERA

A poluição atmosférica é brutal, resultante, sobretudo, da atividade industrial – indústrias de papel, siderúrgicas, petrolíferas e químicas em geral – e de gases residuais de motores de combustão interna. A agricultura contribui com as queimadas, tanto de florestas como de resíduos de culturas.

Entre os principais poluentes da atmosfera encontramos óxidos de carbono, de enxofre e de nitrogênio, substâncias orgânicas e metais pesados. O monóxido de carbono combina-se com a hemoglobina do sangue, tornando-a incapaz de transportar oxigênio pelo organismo. A consequência é sufocamento, problemas cardíacos e pulmonares. Da mesma forma, os óxidos de nitrogênio também reduzem a capacidade de transporte de oxigênio do sangue pelo organismo, enquanto os óxidos de enxofre contribuem para o aparecimento de moléstias pulmonares.

Um efeito importante da poluição atmosférica é a modificação de suas propriedades físico-químicas, principalmente sua transparência às radiações. Foram necessários milênios para que esse invólucro gasoso que é a atmosfera entrasse em equilíbrio dinâmico, apresentando concentrações características de seus diferentes constituintes. Essas concentrações, da ordem de 340 ppm para o CO_2, permitiram o estabelecimento da vida no planeta. A poluição atmosférica, principalmente por causa da combustão de combustíveis fósseis como o petróleo, o gás natural e o carvão, aumentou esse teor para 390 ppm em 2014.

Notadamente em áreas localizadas, como centros urbanos e industriais, a modificação da qualidade e da quantidade de energia solar que atinge o solo é de grande importância. Em certas áreas a poluição já chega a reduzir a energia solar em 40% de seu valor normal. Qualitativamente, certos comprimentos de onda são absorvidos (sobretudo por CO, CO_2) quase por completo, de forma que um espectro de características diferentes chega à superfície do solo. Essas modificações no balanço de energia afetam a distribuição de temperatura, pressão atmosférica, vento, chuva etc. Como consequência surgem problemas de visibilidade, de inversão térmica e com o efeito estufa.

O efeito estufa é um evento natural da maior importância, sem o qual não haveria condições para a vida sobre a Terra. Através dele a atmosfera atua como um "filtro" da radiação solar, permitindo que praticamente 50% da radiação que vem diretamente do Sol chegue à superfície do solo, aquecendo-o. Esta, por sua vez aquecida, emite radiação terrestre que é parcialmente bloqueada pela atmosfera. Assim, o balanço entre a radiação solar que chega e a radiação terrestre que sai é controlado pelo efeito estufa por milênios, possibilitando o aparecimento da vida em nosso planeta. O problema é que esse balanço de radiações, a que chega e a que abandona a Terra, tem sido afetado pelas atividades humanas, o que leva a um aumento da concentração dos chamados gases do efeito estufa (GEE). Principalmente CO_2, CH_4, N_2O e metano alteram as características da atmosfera e afetam o balanço de radiações, que fica mais positivo, aumentando, assim, a temperatura do ar.

No fim da década de 1990 a preocupação com as mudanças globais (*global change*) na atmosfera terrestre aumentou tremendamente. O Protocolo de Kyoto, firmado em 1997, pede a redução das emissões de CO_2, em especial para as potências do grupo dos países desenvolvidos, que, de longe, são os maiores poluidores da atmosfera. Há uma diferença fundamental entre o CO_2 proveniente da combustão de materiais fósseis (fontes não renováveis) como o petróleo, o gás natural e o carvão, e aquele proveniente de materiais biológicos atuais (fontes renováveis) como o álcool, o biodiesel e os restos de culturas agrícolas, incluindo as madeiras. Os primeiros representam uma adição de CO_2 à atmosfera que vem de fonte de carbono, que, de outra forma, permaneceria nas profundezas da Terra; os demais são de fontes de carbono que participam dos biossistemas onde seus ciclos se entrelaçam entre formas fixadas (matéria orgânica de plantas, animais etc.) e o CO_2 atmosférico através da fotossíntese. De qualquer forma, todas as queimas contribuem para a poluição atmosférica e precisam ser minimizadas ou mitigadas.

O termo *sequestro de carbono* é empregado para processos que fixam o carbono, com destaque para aqueles que ocorrem na agricultura. Pesquisas recentes demonstram que o manejo correto do solo pode colaborar no sequestro de carbono atmosférico. Atualmente, 25 milhões de hectares são cultivados no Brasil pelo sistema de plantio direto, e essa área é responsável por, aproximadamente, 13 milhões de toneladas de CO_2 sequestrados da atmosfera por ano. O solo contém cerca de três vezes mais CO_2 do que a atmosfera. Hoje se fala em créditos de carbono – também chamados de redução certificada de emissões de CO_2 –, que são certificados emitidos para uma pessoa ou empresa que reduziu sua emissão de GEE. Por convenção, uma tonelada de CO_2 corresponde a um crédito de carbono. Há, hoje, muita discussão sobre os aumentos recentes do teor de CO_2 emitido e das temperaturas do ar nas diferentes partes do globo. Em dezembro de 2015, um acordo internacional histórico foi assinado em Paris (COP-21) por 195 países, o qual impõe uma meta sobre a limitação do aquecimento global do planeta a 1,5 °C a ser cumprida até o ano de 2100. É um compromisso bem rigoroso, que implicará grandes mudanças na agricultura, economia e no nosso modo de viver de hoje. Vejamos o que o futuro dirá.

O plástico, indiretamente (porque polui mais quando queimado), é um dos maiores poluidores da atmosfera, pois não há microrganismo capaz de se aproveitar da energia existente nele; além disso, ao considerar o aspecto físico-químico, ele é muito resistente, pelo menos em condições ambientais. Poucas pessoas têm consciência de que aquele plástico em que carne e vegetais são diariamente embrulhados no supermercado não pode ser destruído sem prejuízos à natureza e, se deixado nesta, permanecerá intacto por gerações. A forma mais fácil de destruí-lo é por combustão, daí sua relevância como poluidor da atmosfera. Hoje, o uso de plásticos chamados biodegradáveis é mais comum, como o POLY ECO, feito de resina biodegradável e reciclável, já encontrado em vários supermercados.

CONSIDERAÇÕES FINAIS

Analisada em termos muito gerais a influência do homem sobre o ambiente e, em particular, sobre o sistema solo-planta-atmosfera, evidencia-se a importância de se conhecer, em detalhe, os processos que se desenrolam nesse sistema. A maior ênfase dada atualmente à sustentabilidade dos ecoagrossistemas é decorrente da maior demanda por alimentos em razão do aumento da população, dos problemas de poluição ambiental, do armazenamento e tratamento de lixo, da recarga de reservatórios de água superficial e subterrânea, do aquecimento global e do controle efetivo das propriedades naturais desses sistemas. Torna-se indispensável ao homem o estudo básico dos processos físico-químicos que prevalecem no SSPA responsáveis por qualquer alteração em seu estado de equilíbrio.

Em fins da década de 1980 teve início uma fase de grande conscientização ecológica em que se reconheceu que o atual modelo de produção agropecuária precisava de mudanças profundas, visando à maior conservação do ambiente. O termo em moda hoje é *agricultura sustentável* – já definida anteriormente como aquela que tornaria possível a produção agrícola em equilíbrio com o ambiente por gerações. Esse é um grande desafio que precisa ser enfrentado no século XXI, e vencê-lo depende do conhecimento profundo dos processos que regem a dinâmica do sistema solo-planta-atmosfera, com o qual este livro pretende contribuir.

Terminamos essas considerações mencionando o desastre ecológico do rompimento da barragem de resíduos de mineração de Mariana (MG), ocorrido em outubro de 2015. Além de prejudicar mais diretamente a população assentada logo abaixo da barragem, prejudicou toda população dependente ao longo do curso do Rio Doce e das praias do estado do Espírito Santo e de seus vizinhos. É impossível calcular o prejuízo ambiental imposto à essa vasta região por negligência e ganância do ser humano. Acreditamos que só dentro de algumas décadas a situação ficará razoavelmente recuperada, mas é possível que nunca se recupere por completo.

EXERCÍCIOS

1. Com respeito à população humana, qual sua perspectiva para o futuro? Em 2050 e 2100, quantos habitantes? A decisão dos casais do mundo ocidental de terem um ou no máximo dois filhos vai afetar a evolução da população do mundo significativamente? Com quantos filhos por casal, em média, o crescimento de uma nação se estagna?
2. Qual seria um número razoável para a população humana manter a sustentabilidade do planeta?
3. Em termos globais, a quantidade de água do planeta é constante ao longo do tempo, pois não chega a se perder para o espaço sideral, pelo menos não por séculos. Assim, por que a preocupação de economizar água nas atividades humanas? Considere um país como o Brasil onde na maior parte do território chove bastante.
4. Da água doce disponível para uma nação como o Brasil, cerca de 30% é atribuída para atividades humanas e 70% para a irrigação. Não seria possível tornar a irrigação mais eficiente e aumentar o quinhão para atividades humanas? A água usada na irrigação não é ultimamente usada para nós humanos na produção de alimentos e fibras?
5. A soja ocupou boa parte da área do ecossistema cerrado. Está havendo sustentabilidade no seu manejo? Depois de décadas o solo estará degradado? O Brasil é o maior consumidor de agrotóxicos do mundo; a soja contribui para isso?

2 Água, o solvente universal da vida

ALGUMAS PROPRIEDADES DA ÁGUA

A água é uma das substâncias puras naturais mais importantes da crosta terrestre, tanto para os processos vitais como para os físico-químicos. Nas formas líquida e sólida, cobre mais de dois terços de nosso planeta e, na forma gasosa, é constituinte da atmosfera, estando presente em toda parte. Sem água a vida como a conhecemos não seria possível. Os organismos vivos originaram-se em meio aquoso e se tornaram absolutamente dependentes dele no decurso de sua evolução. A água é constituinte do protoplasma em proporções que podem alcançar 95% ou mais de seu peso total. No protoplasma, participa em importantes reações metabólicas, como a fotossíntese e a fosforilação oxidativa durante a absorção da radiação solar pelas plantas. Ela é o solvente universal, pois possibilita a maioria das reações químicas. Nas plantas, tem ainda a função de manter o turgor celular, responsável pelo crescimento vegetal. Assim, o conhecimento de suas propriedades físico-químicas é essencial para o estudo de suas funções na natureza, em particular seu comportamento no sistema solo-planta-atmosfera (SSPA) como um todo.

A fórmula química da água é H_2O, isto é, constitui-se de dois átomos de hidrogênio (H), com carga +1 cada, e um átomo de oxigênio (O), com carga -2. Na natureza há três isótopos de hidrogênio (^1H = hidrogênio; ^2H =

deutério; e ^{3}H = tritium) e três isótopos de oxigênio (^{16}O, ^{17}O e ^{18}O). Esses diferentes átomos possibilitam dezoito combinações diferentes na formação de uma molécula de água, todavia, ^{2}H, ^{3}H, ^{17}O e ^{18}O são pouco abundantes. As moléculas de H_2O formadas por esses diferentes isótopos comportam-se da mesma forma do ponto de vista químico e biológico, diferindo apenas no peso. O tritium (^{3}H) é um radioisótopo natural por ser constantemente produzido na atmosfera em reações nucleares com a radiação cósmica, mas encontra-se em concentrações tão baixas que não prejudica a vida.

O diâmetro médio da molécula de água é de, aproximadamente, 3 Å (abreviação da unidade de comprimento angstrom, igual a 3×10^{-10} m), e os dois hidrogênios estão ligados ao átomo de oxigênio formando um ângulo de cerca de 105°, a ponto de suas cargas não se anularem completamente com a do oxigênio. Essa ligação é responsável pelo desequilíbrio espacial das cargas elétricas na molécula água (Figura 2.1). Com os dois hidrogênios mais voltados para um lado, a molécula fica levemente positiva do lado dos hidrogênios e, consequentemente, pouco mais negativa do lado do oxigênio. Essa distribuição assimétrica de cargas cria um dipolo elétrico responsável por uma série de propriedades físico-químicas da molécula de água. Por causa dessa polaridade, as moléculas de água orientam-se na formação de estrutura, com os H de uma molécula se ligando levemente ao O de outra molécula. A polaridade é também a razão pela qual a água é um bom solvente, é adsorvida sobre superfícies sólidas ou hidrata íons e coloides.

Cada hidrogênio de uma molécula é atraído pelo oxigênio da molécula vizinha, com o qual forma uma ligação secundária, denominada ponte de hidrogênio. A ponte de hidrogênio possui uma energia de ligação bem mais fraca que a ligação intramolecular do oxigênio com o hidrogênio. Como resultado, a água constitui-se de uma cadeia de moléculas ligadas por pontes de hidrogênio (polímero). Essa estrutura possui bem menos falhas quando a água está no estado sólido (gelo). Nessa condição, cada molécula de H_2O é ligada a quatro moléculas vizinhas, formando uma estrutura hexagonal, relativamente aberta. Com a fusão do gelo, essa estrutura é parcialmente destruída, de modo que outras moléculas possam entrar nos espaços intramoleculares. Por essa razão, cada molécula pode ter mais do que quatro moléculas vizinhas, e a densidade da água, no estado líquido, passa a ser maior do que a do gelo. Esse fenômeno é uma exceção interessante, pois,

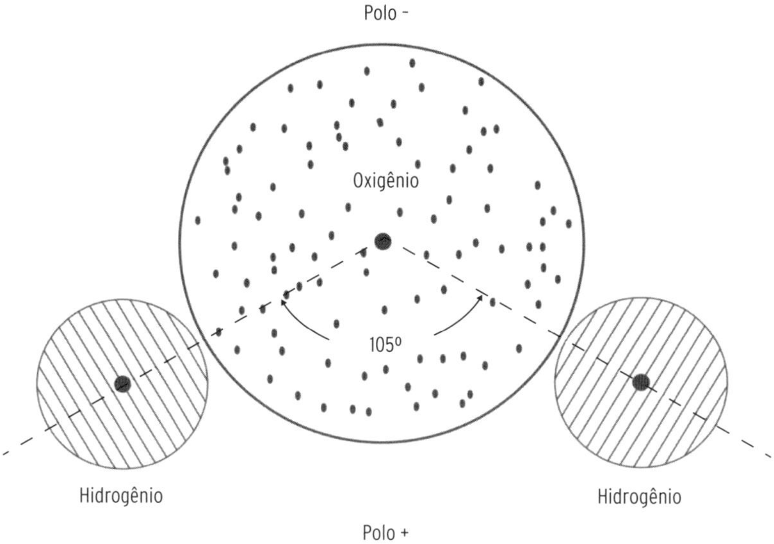

Figura 2.1: Modelo esquemático da molécula de água ilustrando a assimetria do arranjo molecular que leva a molécula de água a ser classificada um dipolo.

nos materiais puros, durante a fusão, o sólido é sempre mais denso que o líquido, afundando em seu seio. Se o gelo não boiasse na água (como os *icebergs*, com 1/9 para fora d'água e 8/9 no seio do líquido), ele afundaria e se acumularia no fundo dos oceanos; com o passar do tempo, as quantidades de gelo iriam se acumular até a superfície, sem a possibilidade de existência de água líquida para a formação da vida.

Para a água no estado líquido uma estrutura do mesmo tipo da estrutura do gelo continua a existir, mas ela não é rígida e permanente, e, sim, flexível e transitória. No estado gasoso, essa estrutura desaparece por completo, e as moléculas têm máxima liberdade.

Na passagem do estado sólido para o líquido e o gasoso, as pontes de hidrogênio são rompidas, ao passo que, nas passagens inversas, são restabelecidas. Assim, para a fusão do gelo, é necessário fornecer calor (calor latente de fusão) e, na solidificação da água, a mesma quantidade de energia é liberada por ela. O ponto de fusão da água sob pressão atmosférica normal é 0°C, ao passo que o ponto de ebulição é 100°C. Nesse intervalo de temperatura a água se encontra no estado líquido e seu calor específico é muito alto se comparado ao gelo, ao alumínio, ao ferro, ao mercúrio e ao oxigênio.

Calor específico é a quantidade de calor necessária para elevar a temperatura de 1 g de qualquer substância em 1 °C. Pelo alto calor específico, a água se comporta como um ótimo sistema tampão para a energia disponível na atmosfera (isto é, é necessária muita energia para que sua temperatura se eleve pouco). Essa propriedade da água torna os sistemas biológicos (cuja porcentagem em água é muito alta) mais resistentes a variações de temperatura.

No ponto de ebulição (100 °C, a 1 atm) a água passa do estado líquido para o gasoso (ou vice-versa, considerando os 100 °C, a 1 atm, ponto de condensação), e o calor envolvido nessa mudança de fase é denominado calor latente de vaporização ou de condensação. A água pode ainda passar ao estado gasoso a temperaturas menores que 100 °C, mas tal vaporização, denominada evaporação, requer maior quantidade de calor. De acordo com a teoria cinética dos gases, as moléculas de um líquido estão em movimento contínuo, movimento esse que é uma expressão de sua energia térmica. As moléculas colidem frequentemente e várias vezes absorvem energia suficiente para escapar do líquido e entrar na fase gasosa. Sua energia cinética é dissipada durante a passagem pela barreira de energia potencial originada pela atração intermolecular na superfície líquida (medida pela tensão superficial). Escapando do líquido, a molécula passa a fazer parte da fase gasosa. Da mesma forma, moléculas da fase gasosa retornam à fase líquida.

A taxa na qual as transferências de moléculas se dão do líquido para o vapor, e vice-versa, depende da concentração de vapor de água na atmosfera em contato com a superfície líquida. Uma atmosfera em equilíbrio com a superfície da água é considerada saturada de vapor de água (o mesmo número de moléculas que abandona o líquido e passa para a fase gasosa volta para a fase líquida). A pressão do vapor do ar em equilíbrio com a superfície de água depende da pressão e da temperatura do sistema. De maneira geral, podemos dizer que, em condições normais de pressão, o ar pode reter tanto mais vapor quanto maior for sua temperatura.

A água também pode passar diretamente do estado sólido para o gasoso (ou vice-versa), fenômeno denominado sublimação. O calor latente de sublimação é igual à soma dos calores latentes de fusão e vaporização. Quando a chuva, ao cair, atravessa regiões frias abaixo de 0 °C, forma-se, por solidificação, o granizo (gelo amorfo). Mas, quando o vapor de água entra em regiões abaixo de 0°C, forma-se, por sublimação, a neve (cristais de estruturas geométricas de beleza extraordinária).

A tensão superficial é um fenômeno típico de uma interface líquido-gás. A maioria dos líquidos se comporta como se estivessem cobertos por uma membrana elástica, sob tensão, com tendência permanente de se contrair (assumir área mínima). Isso acontece porque as forças coesivas atuantes sobre cada molécula de água são diferentes se a molécula encontra-se no seio do líquido ou em sua superfície. Moléculas no interior do líquido são atraídas, em todas as direções, por forças iguais, enquanto moléculas de superfície são atraídas para dentro da fase líquida, mais densa, com forças maiores do que as forças com que são atraídas para a fase gasosa, menos densa (Figura 2.2). Essas forças não balanceadas fazem com que as moléculas da superfície sejam atraídas para o interior do líquido, o que resulta na tendência de contração da superfície.

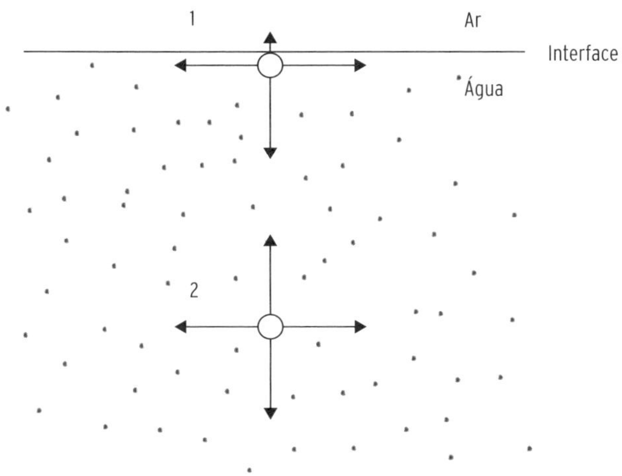

Figura 2.2: Esquema de uma molécula de água (1) na interface água-ar, com forças de coesão desbalanceadas e molécula (2) no seio do líquido, com forças balanceadas.

A tensão superficial é, então, a medida da resistência à formação da membrana elástica que se forma em uma interface líquido-gás. Ela depende da temperatura e, em geral, decresce com seu aumento. O decréscimo da tensão superficial é ainda acompanhado por um aumento de pressão de vapor. Substâncias dissolvidas na água acarretam variações na tensão superficial em ambas as direções. Eletrólitos, de maneira geral, aumentam a tensão superficial, porque a afinidade entre um íon e uma molécula de água é maior do que a afinidade entre as próprias moléculas de água. Como resultado, o soluto tende a penetrar no solvente. Por outro lado, quando a afinidade entre o soluto e o solvente for menor do que a afinidade entre as moléculas do solvente, o soluto tende a se concentrar na superfície do líquido, reduzindo sua tensão superficial. Tal é o caso de solventes orgânicos, em particular os detergentes.

Para superfícies planas de líquido – caso de lagos, represas, tanque classe A –, não há diferença de pressão entre pontos imediatamente superiores e inferiores à interface líquido-gás. Já para superfícies curvilíneas, como gotas e meniscos em capilares, há uma diferença de pressão, responsável por uma série de fenômenos capilares que serão analisados no estudo do solo, que é um material poroso em cujos poros ocorrem interações entre o sólido (paredes do poro), o líquido (água da solução do solo) e o gás (ar que está dentro do poro do solo).

Quando a água no solo se encontra em movimento, outras propriedades são ainda importantes. Um fluido, ao se mover, pode ser imaginado como lâminas superpostas que deslizam umas sobre as outras, processo esse denominado escoamento laminar. O atrito entre essas lâminas gera uma resistência dentro do próprio líquido, que pode aumentar ou diminuir sua fluidez. Intuitivamente, percebemos as diferenças de viscosidade da água, do óleo e do mel, por exemplo. A viscosidade é um parâmetro essencial em estudos de água em movimento, como a hidrodinâmica, que é uma das bases das teorias de irrigação.

A IMPORTÂNCIA DA ÁGUA NO SSPA

A água é fator fundamental na produção vegetal. Sua falta ou seu excesso afetam de maneira decisiva o desenvolvimento das plantas e, por isso, seu manejo racional é imperativo na maximização da produção agrícola.

Qualquer cultura, durante o ciclo de desenvolvimento, consome enorme volume de água, e cerca de 98% desse volume passa pela planta e vai para a atmosfera pelo processo de transpiração. Esse fluxo de água, contudo, é necessário para o desenvolvimento vegetal e, por esse motivo, sua taxa deve ser mantida dentro de limites adequados para cada cultura. Já a água fixada pela fotossíntese é incorporada na formação de açúcares, e sua quantidade em relação à água transpirada é mínima.

O reservatório dessas águas é o solo. Ele armazena a água temporariamente e a fornece às plantas conforme suas necessidades. Como a recarga natural desse reservatório (chuva) é descontínua, o volume disponível às plantas é variável. Quando as chuvas são excessivas, sua capacidade de armazenamento é superada, e grandes perdas podem ocorrer. Essas perdas se dão por escoamento superficial – provocando ainda a erosão do solo – ou por percolação profunda, perdendo-se no lençol freático. A água percolada é perdida para a planta, mas beneficia os aquíferos subterrâneos.

Quando a chuva é esparsa, o solo funciona como um reservatório de água imprescindível ao desenvolvimento vegetal. O esgotamento desse reservatório, no caso de falta de chuva, exige sua recarga artificial, que é o caso da irrigação.

Por causa desses fatores, o manejo correto da água é ponto fundamental em uma agricultura racional. Em regiões áridas e semiáridas, o manejo correto implica práticas de economia de água e cuidados com sua salinidade. Em regiões superúmidas, o problema fundamental é a lixiviação de materiais no solo e a drenagem. Em regiões onde a chuva é suficiente, geralmente há problemas de distribuição, que acarretam a existência de períodos de falta de água. Nessas áreas é de suma importância obter a maior eficiência possível no uso da água pelas culturas, bem como usar a irrigação suplementar.

O Brasil, dada sua extensão territorial e diversidade de condições climáticas, apresenta toda sorte de situações (Figura 2.3). O Norte, representado pela bacia Amazônica, é região superúmida, com média de precipitação acima de 2.000 mm por ano; seus solos são, em sua maioria, pobres, e problemas com a lixiviação são de grande importância; como o desenvolvimento dessa área é recente, muito se tem a aprender para que nela se implantem métodos de cultivos sustentáveis, viáveis e produtivos. O Nordeste apresenta zonas semiáridas, nas quais uma agricultura produtiva só pode se desenvolver às custas da irrigação; muitos projetos nacionais com esse objetivo, que visam à utilização de águas de açudes e, sobretudo, do rio São Francisco, já foram implantados nessas áreas. O projeto de transposição das águas do São Francisco para o Nordeste é de importância fundamental, mas, por problemas políticos e ambientais, ele ainda não se encontra consolidado. Como dissemos, cuidados especiais devem ser levados em conta com respeito à qualidade da água nesses projetos de irrigação. Águas aparentemente boas para a irrigação podem, no decorrer dos anos, salinizar extensas áreas, tornando-as improdutivas. O processo de recuperação é, em geral, economicamente proibitivo.

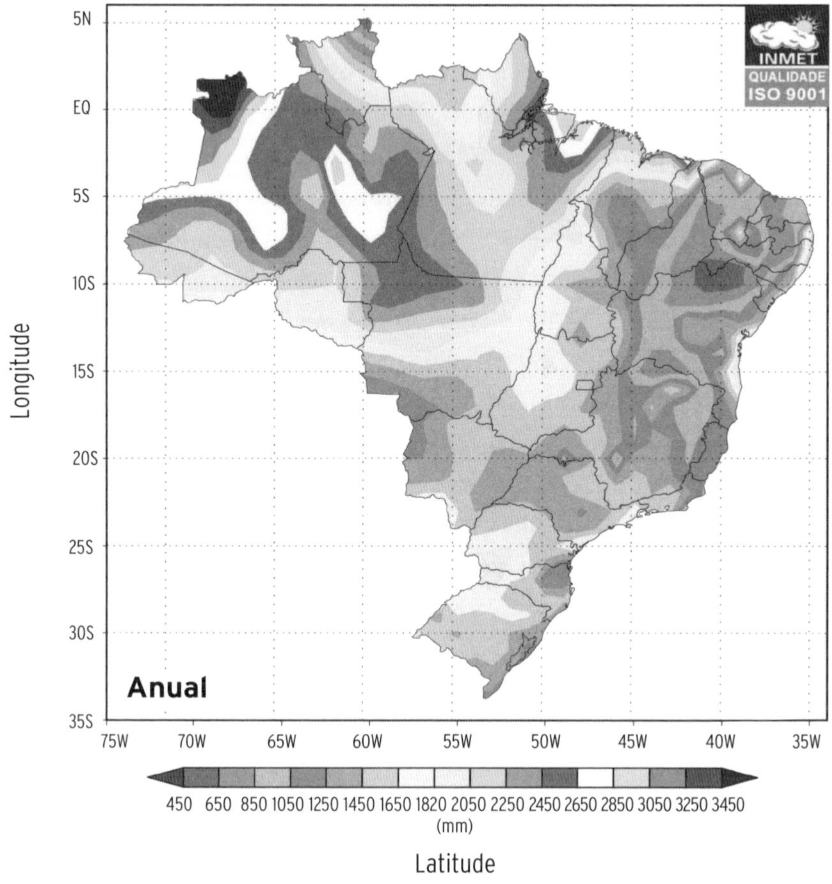

Figura 2.3: Precipitação acumulada anual (mm) no Brasil (Normal Climatológica de 1961-1990).

Fonte: http://www.inmet.gov.br/portal/index.php?r=clima/normaisClimatologicas. Acessado em: 12 maio 2016.

Cerca de 25% do território nacional constitui-se de Cerrado, um SSPA peculiar, cuja característica principal é a baixa fertilidade do solo. Nessas áreas, tem-se demonstrado que práticas racionais de agricultura podem levar a produtividades altamente compensadoras. Essas práticas envolvem, em especial, correção do pH do solo (calagem), fertilização adequada e manejo correto da água. Veranicos podem afetar a produtividade em muitos casos, fazendo-se necessária a irrigação suplementar. Um exemplo importante é o oeste baiano, onde a disponibilidade de água para a irrigação é boa, e irrigações e fertirrigações (aplicação de fertilizantes via água de irrigação) são realizadas com sucesso por meio de pivôs centrais (Figura 2.4), cada um cobrindo áreas da ordem de 100 ha.

No Centro-Sul, a precipitação pluvial, em geral, supre as necessidades da agricultura. Problemas de distribuição, porém, podem ser fatais em muitas ocasiões. Dessa forma, o manejo da água precisa ser conduzido de maneira adequada para maximizar a produção e minimizar problemas como erosão, percolação profunda e poluição das águas superficiais e subterrâneas.

Figura 2.4: Vista de uma série de pivôs centrais no Brasil central.

Fonte: http://irrigacao.blogspot.com.br/2014_05_01_archive.html. Acessado em: 24 maio 2016.

Falamos bastante em manejo racional da água e expressões sinônimas. O que representam elas, afinal? Em termos gerais, representam o uso mais adequado dos recursos naturais disponíveis com respeito aos diferentes SSPA. Para isso, são necessários conhecimentos básicos sobre o assunto e suas devidas aplicações por parte dos responsáveis por projetos agrícolas. Neste livro, são apresentados – de forma bastante objetiva, acessível mesmo aos não envolvidos diretamente com os problemas de manejo de água – conhecimentos básicos essenciais para a compreensão dos processos que ocorrem com a água nesses sistemas.

EXERCÍCIOS

1. Por que a água pura e cristalina é tão importante para a vida no planeta?

2. Nas substâncias puras durante a fusão, a parte sólida sempre afunda na parte líquida por ser mais densa. A água é uma exceção, o gelo é menos denso e boia sobre a água. O que você pensa que aconteceria na superfície da Terra se o gelo afundasse? No *iceberg*, qual é a proporção de gelo que fica fora d'água?

3. De quantos litros de água por ano um ser humano necessita para uma vida normal?

3 Solo, a "pele" do planeta Terra

INTRODUÇÃO

O termo *solo* refere-se, aqui, à camada externa e agricultável da superfície terrestre. Como já dito, sua espessura é muito reduzida em relação às dimensões da Terra, e, por isso, optamos por designá-lo pele. Comparando o solo à casca de uma maçã, ele seria ainda menos espesso que ela. Sua origem é a rocha que, por ação de processos físicos, químicos e biológicos de desintegração, decomposição e recombinação, se transformou, no decorrer das eras geológicas, em material poroso de características peculiares, no qual ou sobre o qual vivem plantas e animais. Reconhecem-se cinco fatores que atuam na formação do solo: material original (rocha), tempo (idade), clima, topografia e organismos vivos. Da combinação dos quatro últimos fatores, atuando em diferentes intensidades sobre o mesmo material original, isto é, a rocha, resulta a grande diversidade de tipos de solos.

Fazendo um corte vertical no perfil de um solo, obtém-se uma seção constituída de uma série de camadas superpostas, denominadas horizontes do solo. O conjunto recebe o nome de perfil do solo (Figuras 3.1 e 3.7). Um solo completo é formado por quatro horizontes – A, B, C e D –, que podem ainda ser subdivididos.

O horizonte A é a camada superficial do solo, exposta diretamente à atmosfera. É conhecido como horizonte de eluviação, que é mais suscetível a perdas de elementos químicos por lavagens sucessivas com a água da chuva. Subdivide-se em A_{00} (camadas superficiais em solos de florestas com grande quantidade de material orgânico não decomposto: galhos, folhas e frutos); A_0 (situa-se abaixo do A_{00}, constituído de material orgânico decomposto, isto é, humificado); A_1 (já é horizonte mineral, mas com alta porcentagem de matéria orgânica humificada que lhe confere cor escura); A_2 (é o típico horizonte A, de cor mais clara, e corresponde à zona de máxima perda de elementos minerais, isto é, eluviação); e A_3 (horizonte de transição entre A e B, com características de ambos).

O horizonte B é conhecido como horizonte de iluviação, isto é, horizonte mais sujeito ao ganho de elementos químicos provenientes do horizonte A, situado imediatamente acima dele. Subdivide-se em B_1 (transição entre A e B, mas possui mais características de B); B_2 (formado pela zona de máxima iluviação, ou seja, acúmulos de materiais lixiviados de A, compostos, sobretudo, de ferro, alumínio e cálcio); e B_3 (transição entre B e C).

O horizonte C é formado pelo material que deu origem ao solo ainda em estado de decomposição, e o horizonte D, pela rocha matriz. As espessuras dos horizontes são variáveis e a falta de alguns horizontes em determinados solos é bastante comum. Todos esses elementos dependem da intensidade da ação dos fatores de formação sobre a rocha.

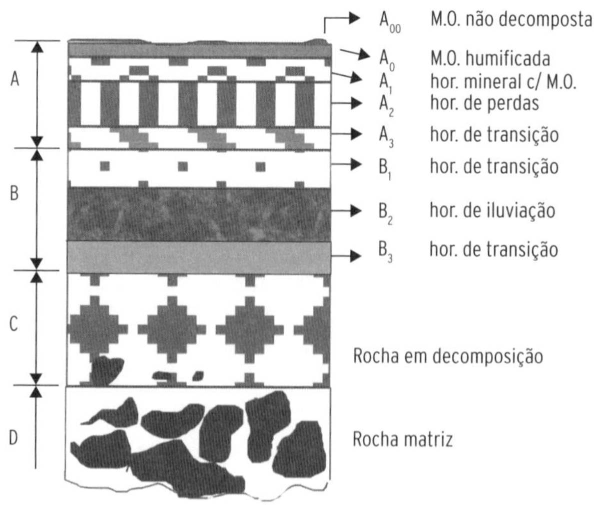

Figura 3.1: Perfil completo do solo com seus horizontes, A, B, C e D, e suas subdivisões (M.O. = matéria orgânica; hor = horizonte).

Ao tomar um torrão de solo, percebem-se três partes: sólida, líquida e gasosa. A parte sólida do solo constitui-se de matéria mineral e orgânica. A parte mineral provém da rocha de formação do solo e se chama primária quando possui mesma estrutura e composição dos minerais que constituem a rocha; ou secundária quando a matéria é nova, de composição e estruturas diferentes, constituída durante o processo de formação do solo. Matérias primárias são fragmentos de rocha ou de minerais, como o quartzo e o feldspato; matérias secundárias são, por exemplo, argilas montmoriloníticas e caoliníticas e carbonato de cálcio. A matéria orgânica sólida do solo constitui-se de restos vegetais ainda não decompostos e matéria orgânica em vários estágios de decomposição, com a denominação geral de húmus.

Além dessa parte sólida, o solo possui uma parte líquida, que se constitui de uma solução de sais minerais e componentes orgânicos, cuja concentração varia de solo para solo, certamente por seu teor de água. Também possui uma parte gasosa constituída de ar com composição um pouco alterada em relação ao ar que circula sobre o solo, variando ainda segundo um grande número de fatores. Em geral, a quantidade de O_2 é reduzida em comparação com o ar sobre o solo, e a quantidade de CO_2 é maior, consequência das atividades biológicas que ocorrem no solo. Sua umidade relativa em condições naturais é quase sempre saturada ou muito próxima à saturação.

A PARTE SÓLIDA DO SOLO

As partículas sólidas do solo variam enormemente de qualidade e de tamanho. Quanto ao tamanho, algumas são grandes o suficiente para serem vistas a olho nu, ao passo que outras são muito diminutas, apresentando propriedades coloidais. O termo *textura* refere-se à distribuição das partículas do solo tão somente quanto a seu tamanho. Cada solo recebe uma designação referente à sua textura, designação essa que nos dá uma ideia do tamanho de suas partículas constituintes mais frequentes. Tradicionalmente, as partículas do solo são divididas em três frações de tamanho, chamadas frações texturais: areia, silte e argila. Ainda não há um consenso a respeito dos limites dessas classes. Na Figura 3.2 são apresentados os dois esquemas de classificação mais utilizados.

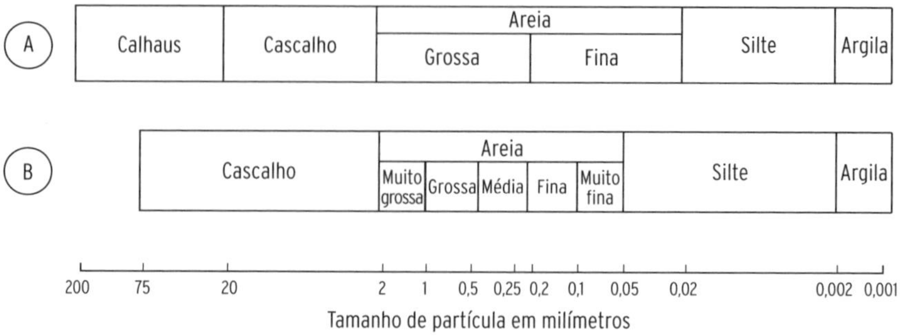

Figura 3.2: Duas classificações texturais do solo: (A) Atterberg e (B) Americana (Estados Unidos, 1951).

Fonte: Kiehl (1979).

Feita a análise mecânica ou textural de um solo, ou seja, determinadas as quantidades relativas das três frações – areia, silte e argila –, o solo recebe uma designação, que o coloca em determinada classe textural. Assim, solos com diferentes proporções de areia, silte e argila recebem diferentes designações.

A determinação da distribuição dos tamanhos das partículas do solo é conhecida como análise mecânica do solo. A separação das frações, em geral, é feita por peneiramento do solo em água (para destruir agregados que poderiam ser considerados partículas maiores), com uma sequência de peneiras, até um diâmetro de partículas de cerca de 0,05 mm (consideradas esféricas). A fim de separar as partículas de diâmetro menor, utiliza-se, em geral, o método da sedimentação, que consiste em dispersar uma amostra de solo em suspensão aquosa e medir as velocidades de decantação (ou sedimentação) das partículas de diferentes tamanhos. As maiores sedimentam com velocidades maiores, e as mais diminutas praticamente não se sedimentam e ficam suspensas em solução por longos tempos. Uma vez calculadas as porcentagens de cada fração, utiliza-se o clássico triângulo de classificação textural mostrado na Figura 3.3, por meio do qual os solos são classificados quanto à sua classe textural.

Assim, por exemplo, um solo com 18% de argila e 75% de areia (logicamente o que falta para completar 100% é silte) se denomina franco arenoso.

O termo *estrutura* é usado para descrever o solo no que se refere a arranjo, orientação e organização das partículas sólidas. A estrutura define também

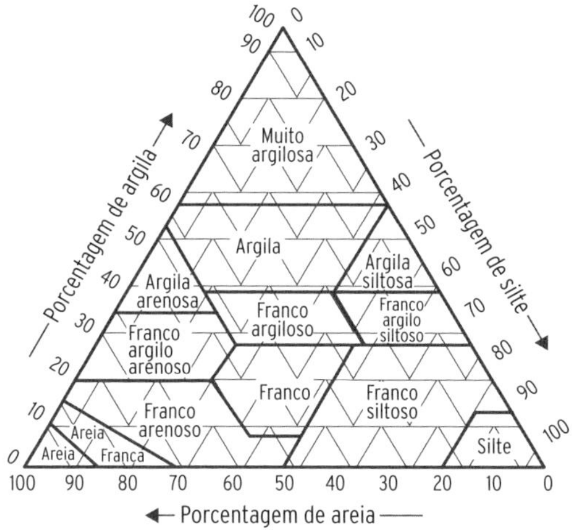

Figura 3.3: Triângulo de classificação textural em que, de posse das porcentagens de argila, areia e silte, ao traçar linhas paralelas às faces do triângulo, pode-se verificar, no cruzamento dessas linhas, sua designação.

Fonte: Kiehl (1979).

a geometria dos espaços porosos. Como o arranjo das partículas do solo, em geral, é muito complexo para permitir qualquer caracterização geométrica simples, não há meio prático de quantificar a estrutura de um solo. Por isso, o conceito de estrutura do solo é qualitativo. A junção de partículas do solo dá origem a agregados, que são classificados segundo a forma (prismáticos, laminares, colunares, granulares e em bloco) e o tamanho (de acordo com seu diâmetro). Observa-se ainda uma importância em relação ao grau de desenvolvimento e de estabilidade de agregados. Um solo bem agregado (ou estruturado) apresenta boa quantidade de poros de tamanho relativamente grande. Dizemos que possui alta macroporosidade, qualidade que está diretamente relacionada à penetração das raízes, à circulação de ar (aeração), ao manejo agrícola (operações de cultivo) e à infiltração de água. Uma avaliação indireta da estrutura do solo é feita por meio de penetrômetros, instrumentos que medem a resistência de um solo à penetração.

Qualitativamente, separamos a fração sólida do solo em quatro subfrações: matéria primária, óxidos e sais, matéria orgânica e matéria secundária.

Apresenta-se, na Tabela 3.1, descrição qualitativa das espécies de materiais primários existentes no solo. Como é possível verificar, os elementos nutrientes às plantas cálcio (Ca), magnésio (Mg), potássio (K) e ferro (Fe) são abundantes nos materiais primários. O fósforo (P) já é menos frequente, sendo notável a ausência dos macronutrientes nitrogênio (N) e enxofre (S) e dos micronutrientes cobre (Cu), zinco (Zn), cobalto (Co), molibdênio (Mo) e boro (B).

Tabela 3.1: Composição química aproximada (em porcentagem) dos principais materiais primários do solo.

MINERAL	SiO_4	Al_2O_3	Fe_2O_3	CaO	MgO	K_2O	P_2O_5
Quartzo	100	-	-	-	-	-	-
Ortoclase	64	19	-	1,5	-	12	-
Albita	65	23	-	4,5	-	2	-
Anortita	42	33	-	15	-	1	-
Muscovita	45	35,5	1	-	1,5	9,5	-
Biotita	34,5	21	10	1	11	7,5	-
Hornblenda	48	9,5	3	7,5	14	1	-
Angita	50	6,5	3	21	13	-	-
Olivina	39	-	1,5	-	40	-	-
Apatita	-	-	-	54,5	-	-	41
Magnetita	-	-	69	-	-	-	-

Fonte: Fried e Broeshard (1967).

Óxidos e sais, principalmente carbonatos e sulfatos, podem conter elementos nutrientes, como Ca, Mg, S e Fe. Entretanto, os carbonatos, quando presentes, são, provavelmente, mais importantes como tampões para pH. Os óxidos de Fe são importantes como agentes de cimentação (formação de agregados) entre partículas. Na Tabela 3.2, apresenta-se a composição dos principais óxidos encontrados em solos de climas tropical e temperado. Os óxidos e hidróxidos de Fe e alumínio (Al) existem em muitos solos, tanto na forma cristalina como na forma amórfica.

A matéria orgânica (MO) é fonte, principalmente, de N, S e P às plantas. Seu conteúdo, na maioria dos solos, varia de 1 a 10%. A MO também possui grande superfície específica, que é reativa em virtude da dissociação de grupos COOH, OH e NH_2, produzindo ainda complexos com Fe, manganês (Mn), Ca, Mg e outros. A MO do solo é a parte da fração sólida constituída de compostos orgânicos de origem vegetal ou animal, em seus mais variados graus de transformação. O estágio mais avançado de transformação é denominado húmus, formado pela ação de microrganismos, cujas características típicas são: estado coloidal, cor escura e alta estabilidade no solo.

Tabela 3.2: Composição percentual de solos minerais de zonas tropical e temperada.

ÓXIDOS	SOLO TROPICAL	SOLO TEMPERADO
SiO_4	3 – 30	60 – 95
Al_2O_3	10 – 40	2 – 20
Fe_2O_3	10 – 70	0,5 – 10
CaO	0,05 – 0,5	0,3 – 2
MgO	0,1 – 3	0,05 – 1
K_2O	0,01 – 1	0,1 – 2
P_2O_5	0,01 – 1,5	0,03 – 0,3

Fonte: Malavolta (1976).

A composição da MO crua é muito variável, e é comum seu agrupamento em dez categorias, relacionadas à facilidade de transformação:

- Carboidratos: açúcares, amido, celulose e hemicelulose.
- Ligninas.
- Taninos.
- Glicosídeos.
- Ácidos, sais e ésteres orgânicos.
- Gorduras, óleos e ceras.
- Resinas.
- Compostos nitrogenados: proteínas, aminoácidos etc.
- Pigmentos: clorofila, xantofila etc.
- Constituintes minerais: sais, ácidos, bases etc.

Sua decomposição é feita por microrganismos nativos do solo. Uma característica importante da MO para a agricultura é sua relação carbono/nitrogênio (C/N), que varia muito de acordo com sua origem. Resíduos de leguminosas são mais proteicos (elas fixam N_2 atmosférico por simbiose) e têm baixa relação C/N, entre 20/1 e 50/1. Já palhas de cereais têm valores entre 50/1 e 200/1, e madeiras, entre 500/1 e 1.000/1. O interessante é que, qualquer que seja a relação C/N do resíduo, sua transformação no solo leva a um decréscimo exponencial dessa relação, chegando a valores da ordem de 10/1 a 12/1, típicos do húmus. O tempo de transformação é variável para cada tipo de resíduo. De acordo com essa reação, os microrganismos tiram a energia do carbono e utilizam o nitrogênio em seu metabolismo. O nitrogênio é ainda liberado por processos de mineralização, chegando à solução do solo na forma de NO_3^-.

Estercos animais têm relações C/N baixas e, por isso, é recomendável misturá-los com a palha da cana ou de outras culturas. Pelo que vimos, a decomposição de MO leva à produção de: energia; produtos simples (CO_2, H_2O, sais minerais contendo, sobretudo, N e P); e húmus, constituído de numerosos compostos de elevado peso molecular (2.000 a 4.000). Sua presença no solo aumenta a capacidade de troca de cátions (CTC) – por causa do grande número de radicais livres presentes em sua estrutura –, a disponibilidade de nutrientes, o poder tampão e, em geral, o pH de solos ácidos, e diminui a toxicidade de Al às plantas.

O solo possui poros de variadas formas e dimensões, que condicionam um comportamento peculiar a cada um deles. A fração do solo que mais decisivamente determina seu comportamento físico é a fração argila, que é matéria secundária. Ela possui a maior área específica (área por unidade de massa) e, por isso, é a fração mais ativa em processos físico-químicos que ocorrem no solo. Ao tomar apenas 1 g de argila e somar as áreas de todas as partículas, chega-se ao extraordinário número da ordem de 100 m^2. Essas partículas de argila retêm água e são responsáveis pelos processos de expansão e contração do solo. A maioria delas é carregada negativamente e, por isso, cada uma forma uma "camada eletrostática dupla" ou "dupla camada iônica" (*electrostatic double layer*) com íons da solução do solo e mesmo com moléculas de água, que são dipolos. A areia e o silte têm áreas específicas relativamente pequenas e, em consequência, não mostram grande atividade físico-química. Elas são importantes na macroporosidade do solo, em que predominam fenômenos capilares, quando o solo se encontra próximo à saturação. O silte e a areia, com a argila, formam a matriz sólida do solo, também chamada de fração mineral do solo.

As argilas, constituídas de partículas de diâmetro menor que 2 μm (10^{-6} m), compreendem grande grupo de minerais, alguns dos quais amorfos, mas boa parte deles constituída de microcristais de tamanho coloidal e estrutura definida. Entre esses cristais, ou minerais de argila, destacam-se os aluminossilicatos como a caulinita, a montmorilonita e a illita.

Essas estruturas cristalinas (Figura 3.4), por erros de natureza durante sua formação e por efeito do pH da solução de solo, possuem cargas que lhes conferem a propriedade de atrair e adsorver íons da solução do solo. Eles são denominados íons trocáveis (Ca^{2+}, H^{1+}, Mg^{2+}, $H^2PO_4^{1-}$, NO_3^{1-}, PO_4^{3-} etc.). Por serem adsorvidos apenas eletricamente, não fazem parte da estrutura cristalina e podem ser "trocados" ou substituídos por outros. Esse fenômeno de substituição é denominado troca iônica e tem vital importância em físico-química de solos, pois afeta a retenção ou a liberação dos nutrientes e dos sais minerais às plantas e os processos de floculação e dispersão dos coloides do solo.

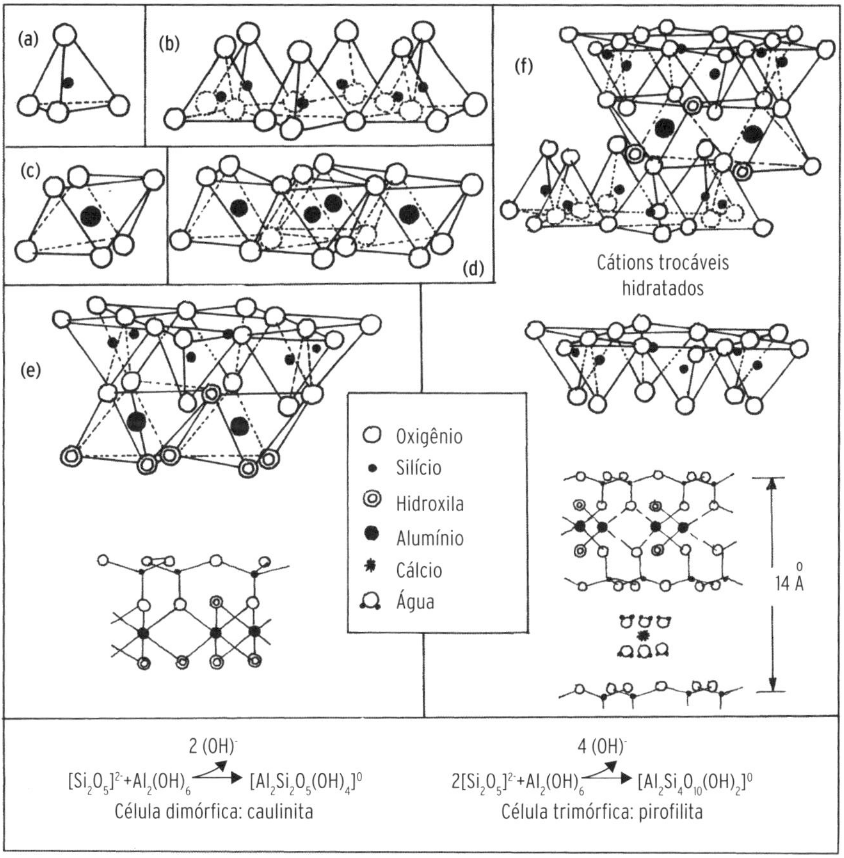

Figura 3.4: Aluminossilicatos da fração argila: (a) tetraedro de sílica; (b) camada de tetraedros; (c) octaedro; (d) camada de octaedros; (e) estrutura do grupo caulinita; (f) estrutura do grupo montmorilonita.

Fonte: Kiehl (1979).

A caracterização da carga de um solo é mais comumente feita pela CTC. Ela expressa a carga negativa das argilas (e um pouco da matéria orgânica), mais comum em nossos solos, responsável pela adsorção de cátions (íons positivos), uma vez que cargas de sinal contrário se atraem. É dada, normalmente, em centimoles de carga por decímetro cúbico de solo ($cmol_c.dm^{-3}$). Assim, um solo com CTC de 15 $cmol_c.dm^{-3}$ tem a capacidade de reter 15 cmol de qualquer cátion em cada 1 dm^3 de solo. A CTC depende de uma série de fatores, distinguindo-se entre eles o pH da solução do solo. Para o caso dos cátions, amostras de montmorilonita pura em pH = 6 têm CTC ao redor de 100 $cmol_c.dm^{-3}$, ao passo que caulinita tem CTC de apenas 4 a 9 $cmol_c.dm^{-3}$. Essa disparidade é devida, sobretudo, a diferenças na densidade superficial de carga e superfície específica, já discutidas.

A MO também contribui de maneira sensível para a capacidade de troca catiônica. A CTC do ácido húmico varia de 250 a 400 $cmol_c.dm^{-3}$, isto é, três vezes maior que a montmorilonita, dependendo muito do pH. A MO exerce também grande influência na estrutura de um solo.

Outras características dos solos são obtidas das proporções de suas três frações – sólida, líquida e gasosa – e de suas inter-relações. Ao tomar uma amostra de solo (suficientemente grande para conter as três frações, representando certa porção do perfil – digamos, um torrão de 100 a 500 g, por exemplo), as seguintes definições relacionadas à fração sólida são importantes:

- Massa específica das partículas, na literatura de ciência do solo chamada de densidade das partículas (que também foi chamada densidade real do solo), geralmente simbolizada por Dp. Ela é a massa da unidade de volume só de partículas, sem levar em conta os volumes dos líquidos e dos gases.
- Massa específica do solo ou densidade do solo (que também foi chamada densidade aparente ou densidade global do solo), geralmente designada por Ds. Ela é a massa da unidade de volume das partículas levando em conta o volume total, isto é, sólidos, líquidos e gases.
- Porosidade, definição ligada à densidade, é uma medida do espaço poroso do solo. A porosidade total (Pt), também denominada volume total de poros (VTP), é a proporção entre o volume de poros do torrão e seu volume total.
- Macroporosidade.
- Microporosidade.

Se nosso torrão tiver uma massa seca (geralmente seco em estufa à 105 °C) de 335 g (massa das partículas), e essas partículas tiverem um volume de 126 cm^3, basta dividir um pelo outro para obter Dp = 2,659 g × cm^{-3}. Se dividirmos essa massa de partículas de 335 g pelo volume total do torrão (que inclui os poros com água e ar), que é de 255 cm^3, teremos Ds = 1,314 g × cm^{-3}. Para obter a massa seca das partículas, o torrão é colocado em estufa à 105 °C até seu peso permanecer constante, o que é feito por pesagens seguidas, para se ter certeza de que toda água saiu da amostra. Esse processo demora de um a três dias, dependendo do tipo de solo e do tamanho da amostra. Não se aplicam temperaturas mais altas para não correr o risco de perder MO, que faz parte das partículas sólidas. Já o volume das partículas é mais difícil de ser estimado. Em geral, para estimá-lo, coloca-se o solo em um volume conhecido de água, e a diferença de volume é o volume do sólido. A estimativa do volume do torrão incluindo seus poros também não é tarefa fácil. Na maioria dos casos não se coleta um torrão, mas, sim, uma amostra de volume definido por um cilindro que é introduzido no solo (Figura 3.5).

Figura 3.5: Ilustração de um cilindro contendo amostra de solo com estrutura preservada. Fonte: cortesia de A.L. Bamberg.

A Dp depende da constituição das partículas do solo – ela varia relativamente pouco de solo para solo. A Dp aproxima-se da Dp das rochas do qual o solo se origina. O quartzo tem Dp = 2,650 $g.cm^{-3}$; como ele é um componente frequente nos solos, a densidade das partículas da maioria dos solos oscila em torno desse valor. A média para uma grande variedade de solos é 2,7 $g.cm^{-3}$. Se a constituição do solo for muito diferente, como é o caso de solos turfosos (com muita MO), seu valor pode ser mais baixo.

O cálculo da Ds se dá pela divisão da massa seca pelo volume total da amostra, e, por isso, a Ds varia de acordo com o volume total. Ao se compactar (comprimir) uma amostra, sua massa permanece constante e seu volume diminui, por conseguinte a Ds aumenta. A Ds é, portanto, um indicador do grau de compactação de um solo. Para solos de textura grossa, mais arenosos, as possibilidades de arranjo das partículas não são muito grandes e, por isso, os níveis de compactação também são menores. Por possuir partículas maiores, o espaço poroso também é constituído, sobretudo, de poros maiores, denominados, de modo arbitrário, macroporos; de forma aparentemente paradoxal, nesses solos o volume total de poros é pequeno. A densidade de solos arenosos oscila entre 1,4 e 1,8 $g.cm^{-3}$. Para um mesmo solo arenoso, esse intervalo de variação, em diferentes níveis de compactação, é bem menor.

Para solos de textura fina, mais argilosos, as possibilidades de arranjo das partículas são bem maiores. Seu espaço poroso é constituído, essencialmente, de microporos, e o volume de poros é grande, razão pela qual apresentam intervalo pouco maior de densidade do solo, de 0,9 a 1,6 $g.cm^{-3}$.

Para o cálculo da porosidade, considerando o exemplo dado, basta subtrair do volume total de 255 cm^3 o volume das partículas de 126 cm^3 e obter o volume de poros de 129 cm^3. A Pt é dada pela relação 129/255, que é 0,506 ou 50,6%, o que significa que 50,6% da amostra (torrão) podem ser ocupados por ar e água. A porosidade total também é, logicamente, afetada pelo nível de compactação, pois o volume de poros é reduzido. Quanto maior a Ds, menor a Pt.

Como aventado na discussão sobre densidade do solo, é feita uma distinção entre macroporosidade e microporosidade. Essa definição é arbitrária, mas lógica. Os poros maiores, representados pela macroporosidade, são os mais importantes na aeração do solo e nos fluxos mais rápidos de água, ao passo que os menores, representados pela microporosidade, contêm a água mais retida pelo solo. O limite entre a macro e a microporosidade será discutido adiante, pois envolve o conceito de retenção de água pelo solo.

Valores de porosidade de solos variam em torno de 50%, o que corresponde a um solo com Ds = 1,325 $g.cm^{-3}$ e Dp = 2,650 $g.cm^{-3}$. Se esse solo for compactado para Ds = 1,725 $g.cm^{-3}$, a Pt passa para 34,91%. Por outro lado, se ele se apresentar bem fofo, com Ds = 0,925 $g.cm^{-3}$, a Pt passa para 65,09%. Esses seriam valores extremos de porosidade para esse solo.

A ÁGUA RETIDA NO SOLO

A fração líquida do solo, denominada simplesmente água no solo, é uma solução aquosa de sais minerais e substâncias orgânicas em que os sais minerais são de maior importância. Em geral, a solução do solo não é o reservatório principal dos íons nutrientes às plantas, exceto para o cloro e, talvez, o enxofre, que não são adsorvidos pela fração sólida ou incorporados à MO. Quando a planta retira íons da solução do solo, sua concentração pode variar com o tempo, de maneira diferente para cada nutriente e para cada condição ambiental especial. Há uma constante interação entre a fração sólida (reservatório de íons) e a fração líquida, interação essa complexa, regida por produtos de solubilidade, constantes de equilíbrio etc. Em razão disso, a descrição da concentração da solução do solo torna-se difícil, e apenas valores médios e aproximados podem ser obtidos. A Tabela 3.3 apresenta as faixas de concentração dos principais nutrientes, fazendo distinção apenas para solos ácidos. Observando os dados dessa tabela, nota-se que, em termos médios, os principais nutrientes, exceto o fósforo, estão presentes em concentrações entre 10^{-4} e 10 M. O fósforo possui, normalmente, a concentração mais baixa, em geral entre 10^{-5} e 1 M.

De maneira simplista, a solução do solo é considerada apenas como água do solo. Essa denominação é razoável, uma vez que, em termos de massa ou peso, os solutos representam muito pouco. Assim, a quantidade de água nos poros de um solo, também chamada de umidade do solo, é calculada de duas formas – ou pela proporção de massa de água por massa de solo (u), ou pelo volume de água por volume de solo (θ):

- Umidade à base de peso u (o correto seria dizer à base de massa, mas, na prática, muitas vezes se confunde massa com peso). É a proporção entre a massa de água e a massa de partículas, portanto g/g ou kg/kg, que a tornam adimensional. Por isso, é comum apresentá-la em porcentagem (%). Para o torrão utilizado nos exemplos de densidade, se ele tivesse, antes de ser seco, 80 g de água, o que equivale a 80 cm^3 de água (lembrando que a água tem densidade igual a 1 $g.cm^{-3}$, isto é, sua massa é igual a seu volume), sua umidade u seria 80/335 = 0,239 g/g ou 23,9%.

- Umidade à base de volume θ. É a proporção entre o volume de água e o volume total do solo, portanto cm^3/cm^3 ou m^3/m^3, também adimensional. Para nosso exemplo, sua umidade θ seria 80/255 = 0,314 ou 31,4%.

Tabela 3.3: Composição da solução do solo ($mmol_c$/L).

NUTRIENTE	CONCENTRAÇÃO ($MMOL_c$/L)	
	TODOS OS SOLOS	SOLOS ÁCIDOS
N	0,16 – 55	12,1
P	0,0001 – 1	0,007
K	0,2 – 10	0,7
Mg	0,7 – 100	1,9
Ca	0,5 – 38	3,4
S	0,1 – 150	0,5
Cl	0,2 – 230	1,1
Na	0,4 – 150	1,0

Fonte: Malavolta (1976).

Vê-se, portanto, que, para o mesmo torrão, a umidade u é diferente da umidade θ. Por isso, quando se fala em umidade do solo, a distinção entre umidade à base de volume ou umidade à base de peso (massa) é importante. A medida da água é feita pela diferença entre seu peso úmido e seu peso seco.

Quando um solo se apresenta saturado, ele não tem ar, e θ é igual à Pt, geralmente designado por θ_s. Por outro lado, para um solo seco, $\theta = 0$.

Essas umidades u e θ são pontuais, isto é, referem-se a dado ponto no solo. Do ponto de vista agronômico, é de fundamental importância conhecer a quantidade de água armazenada em uma camada ou em um perfil de solo em dado instante. Dados os valores pontuais de umidade do solo, como se determina a quantidade de água armazenada em uma camada de solo?

Tradicionalmente, quantidades de água são medidas por uma altura. Assim, diz-se que em Piracicaba (SP), por exemplo, chove, em média, 1.200 mm por ano. O que representa isso? A água de chuva é medida por pluviômetros, recipientes coletores de água expostos ao tempo. Eles têm uma área de captação S (m^2) (seção transversal de sua boca) e coletam um volume V (m^3) de água durante a chuva. A altura de chuva é h (m) = V/S, que pode ser convertida em mm multiplicando por mil (Figura 3.6). O interessante é que h independe do tamanho da boca do pluviômetro, pois um pluviômetro de boca 2S coletará o dobro do volume, isto é, 2V, resultando na mesma h. O significado de h pode, então, ser mais bem visualizado para o caso de S = 1 m^2, isto é, h igual ao volume de água que cai sobre a superfície unitária.

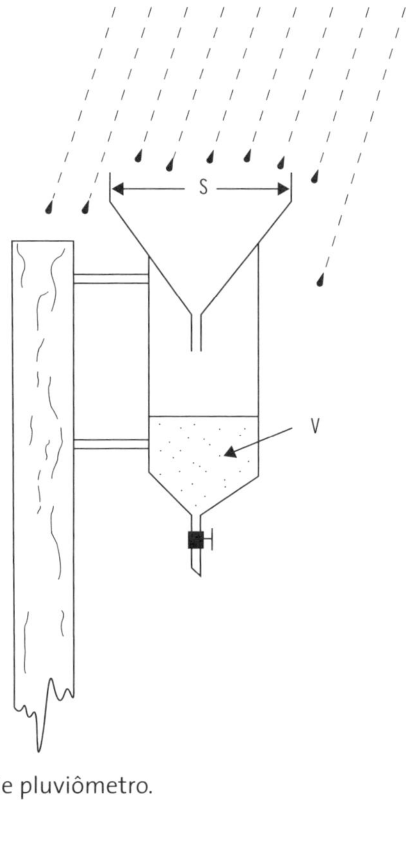

Figura 3.6: Esquema de pluviômetro.

Ao jogar 1 L de água sobre uma superfície plana e impermeável (tipo bandeja) de 1 m^2, obtém-se uma altura de 1 mm. Assim, 1 mm de chuva corresponde a 1 L × m^{-2}; portanto, 1.200 mm correspondem a 1.200 L × m^{-2}. Então, se toda a água que precipita em Piracicaba não infiltrasse nem escorresse ou evaporasse, ao final de um ano, teríamos 1,2 m de água distribuídos por toda a área de 1 m^2. Água fornecida por irrigação, água perdida por evaporação etc., são todas medidas em mm. Seria interessante, portanto, medir também a água do solo em mm, chamado de armazenamento A_L ou armazenagem de água. Pode-se demonstrar que A_L é o produto da umidade volumétrica média de uma camada de solo pela sua espessura L dada em mm. Assim, uma camada com média de $\theta = 0,35$ e uma espessura de 50 cm = 500 mm, tem um armazenamento A_L de 175 mm. Isso significa que essa camada de solo retém 175 L de água em cada m^2 de superfície.

Os solos são classificados quanto sua capacidade de armazenar água, seja ela de chuva ou de irrigação. Solos de baixa retenção de água têm A_L da ordem de 100 mm para uma camada de 1 m. São os mais arenosos ou os mais intemperizados (mais velhos geologicamente, como muitos solos tropicais). De média retenção são os da ordem de 200 mm, e os de ótima retenção, 300 mm por metro. Estes são solos com maior porcentagem de argila de boa qualidade (os aluminosilicatos anteriormente mencionados e aqueles com alto teor de MO).

O armazenamento A_L de um solo no campo é variável no tempo. Quando chove ou se irriga, ele aumenta; na falta de chuva e irrigação, a superfície do solo perde água por evaporação, e as plantas retiram água pelas raízes por transpiração. A soma da evaporação com a transpiração chama-se evapotranspiração. Assim, se um solo tem hoje um A_L = 200 mm e recebe 50 mm de chuva, passa a ter 250 mm (considerando que nada da chuva se perde por enxurrada ou por escoamento superficial). Se nos próximos 5 dias perde 5 mm por dia, passa a ter 225 mm no fim desse período. Se sua capacidade de armazenamento for 300 mm e, em seguida, recebe uma chuva de 100 mm, ele chega no máximo de 300 mm, e os restantes 25 mm ou percolam para profundidades maiores que 1 m ou se perdem na superfície por escorrimento. O processo que acabamos de descrever representa, resumidamente, um balanço hídrico, que será discutido em detalhe mais adiante.

O AR DO SOLO

A fração gasosa do solo constitui-se do ar do solo ou da atmosfera do solo. Ela preenche o espaço não ocupado pela água. Quando chove ou se irriga, o ar é expulso do solo e, com a saída da água por evapotranspiração, ele é reposto. Sua composição química é semelhante à da atmosfera livre, junto à superfície do solo (ver Tabela 5.1, Capítulo 5), apresentando, porém, diferenças sobretudo nos teores de O_2 e de CO_2. O oxigênio é consumido por microrganismos e pelo sistema radicular das plantas superiores, de tal forma que sua concentração é menor do que na atmosfera livre. Por outro lado, o CO_2 é liberado em processos metabólicos que ocorrem no solo e, por isso, seu teor, em geral, é mais alto. Em casos de adubações com ureia, sulfato de amônia etc., os teores de NH_3 na atmosfera do solo podem aumentar de modo significativo. Outros gases orgânicos e inorgânicos também podem ter suas composições alteradas, dependendo das atividades biológicas do solo. Do ponto de vista do vapor de água do solo, o ar do solo encontra-se quase sempre muito próximo à saturação. Isso será discutido no Capítulo 6, que trata do equilíbrio da água no solo.

Como já dito, o ar do solo preenche o espaço poroso não ocupado pela água. Já vimos também que, para um solo seco, todo espaço vazio dado pela Pt é ocupado só pelo ar. Quando um solo possui umidade θ, apenas a diferença entre Pt e θ pode ser ocupada pelo ar. Essa diferença é denominada porosidade livre de água, e é uma medida da aeração do solo.

O processo de aeração do solo é de grande importância para sua produtividade. A relação entre os volumes de água e ar pode variar bastante no tempo e no espaço, mas dentro de limites. Na maioria dos casos, considera-se a Ds constante no tempo para dada situação, o que implica Pt constante, variando apenas os volumes de água e ar, cuja soma sempre é Pt, o que leva a variações de θ e de aeração.

Quando o volume de ar é nulo, o solo se apresenta saturado, $\theta = \theta_s$. É o caso de solos inundados da cultura do arroz. Quando o volume de água é nulo, o solo está completamente seco. O caso mais geral é $\theta_s > \theta > 0$; quando θ está em uma faixa de água adequada, as plantas apresentam bom desenvolvimento.

Nos casos em que a Ds varia, todos os volumes variam. Na compactação do solo, o volume total diminui com menor ou maior intensidade, por meio de práticas de manejo agrícola. O tráfego de maquinário compacta o solo, e a aração/gradagem diminuem a Ds, tornando-o mais "fofo". Com o aumento da Ds, a Pt diminui, e as relações água/ar se alteram.

A Pt é subdividida em macroporosidade (Ma) e microporosidade (Mi), em uma tentativa de distinguir poros grandes de poros pequenos. A distribuição de poros é contínua e, por isso, o limite entre a Ma e a Mi é arbitrário, mas, de forma geral, os poros maiores da Ma conduzem melhor os fluidos, no caso a água e o ar. As forças externas responsáveis pela compactação do solo atuam mais intensamente na Ma, que é a mais reduzida na compactação. Esse estado afeta a infiltração da água no solo pela redução da condutividade hidráulica (ver Capítulo 8) e da aeração do solo. A relação entre θ e o volume de ar é delicada: um aumenta com a diminuição do outro, comprometendo ou a aeração (problema relacionado à drenagem) ou a falta de água (problema relacionado à irrigação).

Estudos sobre o fenômeno da compactação levaram ao estabelecimento de uma macroporosidade crítica (Ma_{crit}) de 10% (0,10 $cm^3\ cm^{-3}$). Para valores inferiores a esses 10%, os efeitos da compactação começam a afetar a produtividade agrícola. Apesar da Ds ser muito utilizada como um indicador da compactação, muitos recomendam a Ma. Arações repetidas na mesma profundidade podem também induzir camadas compactadas na soleira do arado (conhecido como "pé" de arado). Existe também a compactação genética, decorrente da própria formação do solo, como os horizontes B texturais, as *hard pans* e os também conhecidos horizontes coesos (*hardsetting horizons*).

A compactação do solo também afeta a penetração de raízes. Zonas compactadas não permitem um desenvolvimento radicular satisfatório, e uma camada menor de solo fica disponível para a cultura, impactando as relações hídricas e a disponibilidade de nutrientes. Um dos equipamentos que tem sido usado para avaliar a resistência mecânica do solo à penetração do sistema radicular é o denominado penetrômetro, que expressa a resistência do solo à penetração de raízes em termos de pressão (kPa ou MPa). Vários tipos de penetrômetros estão disponíveis para essa medida. Na literatura, valores de resistência à penetração de até 2,0 MPa têm sido considerados não restritivos para um desenvolvimento adequado do sistema radicular da maioria das culturas.

Na maioria das plantas (com exceção daquelas especializadas, como o arroz irrigado), a transferência do oxigênio da atmosfera para as raízes deve acontecer em proporções suficientes para suprir suas necessidades. O crescimento adequado de raízes requer oxigênio (aeração), de tal forma que as trocas de gases entre atmosfera e solo se deem com velocidade suficiente para não se permitir deficiência de O_2 (ou excesso de CO_2) na zona ativa das raízes. Microrganismos também requerem condições ideais para seu desenvolvimento. Medidas de consumo de oxigênio por raízes de plantas mostram que são necessários aproximadamente 10 L de O_2 por m^2 de cultura por dia. Considerando uma aeração de 20%, que o ar possui 20% de O_2 e que a zona das raízes tem 1 m de profundidade, a quantidade de O_2 por m^2 de superfície é de 40 L, isto é, quatro vezes a demanda das raízes. Isso significa que, para manter boas condições de aeração, 25% do ar do solo precisam ser renovados diariamente. Esse exemplo tem a finalidade única de dar ideia das proporções do problema. Em condições reais, as velocidades de aeração provavelmente variam entre limites mais extremos.

OUTRAS PROPRIEDADES DO SOLO

De importância no estudo termodinâmico e agronômico do solo são também suas propriedades térmicas, sobretudo o calor específico do solo (c) e a condutividade térmica do solo (K). A primeira se refere ao solo como reservatório de calor, e a segunda, como transmissor de calor. Já dissemos que o calor específico de uma substância é a quantidade de calor necessária para elevar em 1 °C a temperatura de 1 g dessa substância. Como a água tem o maior c, o solo um c médio e o ar um c mínimo, o conjunto solo-água-ar tem, em geral, um c menor que o da água, da ordem de 0,5 cal/g.°C. Portanto, esse conjunto se aquece bem mais que a água nas mesmas condições de radiação solar. A K é uma medida da facilidade com que uma substância transmite calor. Na mesma ordem de c, K é maior para a água, baixa para o solo seco e muito baixa para o ar. Assim, o solo úmido transmite mais calor que o solo seco. Tijolos de barro queimado são de solos bem argilosos e, quando perfurados (contêm bastante ar), são bons isolantes térmicos.

Além dos aspectos vistos até aqui, os solos também são estudados do ponto de vista da Engenharia. Obrigatoriamente, os cursos de Engenharia têm disciplinas como Mecânica de solos, que abordam aspectos do solo como um suporte a obras da área. Os assuntos abordados envolvem tensões e deformações em solos, sobrecargas, compressibilidade e recalque, adensamento, hidráulica de solos etc. O enfoque é diferente do agronômico, a não ser em casos de mecânica agrícola, quando se estuda a interação solo/implemento.

Para o reconhecimento de um solo, sua classificação é de grande importância. Essa classificação é um tema específico da ciência do solo, que pode ser apreciado em textos especializados. Em 1999 e, posteriormente, em 2006, a Empresa Brasileira de Pesquisa Agropecuária (Embrapa) sugeriu um novo sistema de classificação, denominado Sistema Brasileiro de Classificação de Solos, que é atualmente recomendado para definir um tipo de solo. A título de ilustração, na Figura 3.7 são mostrados perfis de um latossolo e de um argissolo. A correspondência entre esse novo sistema e a classificação usada anteriormente é apresentada na Tabela 3.4.

Figura 3.7: Perfis representativos de um argissolo (a) e de um latossolo (b).
Fonte: http://www.pedologiafacil.com.br/curiosidade.php. Acessado em: 13 maio 2016.

Tabela 3.4: Correspondência entre o SBCS-1999 e a antiga classificação utilizada em levantamentos de solos no Brasil.

SISTEMA BRASILEIRO DE CLASSIFICAÇÃO (1999)	CLASSIFICAÇÃO UTILIZADA EM LEVANTAMENTOS ATÉ 1999
Alissolos	Rubrozém, podzólico bruno-acinzentado distrófico ou álico, podzólico vermelho-amarelo distrófico ou álico Ta, e alguns podzólicos vermelho-amarelos distróficos ou álicos Tb (com limite mínimo de valor t de 20 $cmol_c/kg$).
Argissolos	Podzólico vermelho-amarelo Tb, pequena parte de terra roxa estruturada, de terra roxa estruturada similar, de terra bruna estruturada e de terra bruna estruturada similar, com gradiente textural necessário para Bt, em qualquer caso eutróficos, distróficos ou álicos, e mais recentemente o podzólico vermelho-escuro, Tb com B textural e o podzólico amarelo.
Cambissolos	Todos os cambissolos exceto os cambissolos com A chernozêmico e B incipiente Ta eutróficos.
Chernossolos	Brunizém, rendzina, brunizém avermelhado, brunizém hidromórfico e cambissolos Ta, eutróficos com A chernozêmico.
Espodossolos	Podzol, podzol hidromórfico.
Gleissolos	Glei pouco húmico, glei húmico, parte do hidromórfico cinzento (os que não têm mudança textural abrupta), glei tiomórfico e solonchack com horizonte glei.
Latossolos	Latossolos, excetuadas algumas modalidades anteriormente identificadas como latossolos plínticos.
Luvissolos	Bruno não cálcico, podzólico vermelho-amarelo eutrófico Ta, podzólico bruno acinzentado eutrófico e os podzólicos vermelho-escuros eutróficos Ta.
Neossolos	Litossolos, solos litólicos, regossolos, solos aluviais e areias quartzosas distróficas, marinhas e hidromórficas (as que não tenham horizonte glei até 0,50 m da superfície).
Nitossolos	Terra roxa estruturada, terra roxa estruturada similar, terra bruna estruturada, terra bruna estruturada similar, e alguns podzólicos vermelho-escuros Tb ou vermelho-amarelo Tb. Todos com baixo gradiente textural para Bt.
Organossolos	Solos orgânicos, solos semiorgânicos, solos tiomórficos turfosos e parte dos solos litólicos turfosos com horizonte hístico com 0,30 m ou mais de espessura.
Planossolos	Planossolos, solonetz-solodizado e hidromórficos cinzentos que apresentam mudança textural abrupta.
Plintossolos	Lateritas hidromórficas, parte dos podzólicos plínticos, parte dos glei húmico e pouco húmico plínticos e alguns dos possíveis latossolos plínticos.
Vertissolos	Vertissolos, inclusive os hidromórficos.

EXERCÍCIOS

1. Por que este capítulo foi denominado de pele do planeta?
2. Por que a porosidade dos solos gira em torno de 50%?
3. Com as informações contidas no capítulo, qual seria a densidade aproximada de um bloco de granito?
4. Como a água é retida pelo solo?
5. Qual a proporção ideal de água e ar em um solo de uma cultura agrícola?
6. Como um solo pode se degradar?
7. Você entendeu bem o significado de 1 mm de água? Principalmente que ele independe da área considerada?

4 Planta, a captadora de energia solar

NECESSIDADES NUTRICIONAIS DA PLANTA E A FOTOSSÍNTESE

A planta é tratada aqui do ponto de vista agronômico, mais especificamente das culturas agrícolas como milho, soja, arroz, algodão e seringueira. São elas os seres vivos capazes de absorver parte da energia radiante que vem do Sol e utilizá-la na produção de açúcares, essenciais tanto para sua própria sobrevivência como para a sobrevivência dos demais seres vivos. Esses vegetais desenvolvem-se na atmosfera próxima ao solo, tendo como apoio o próprio solo (Figura 4.1). Em seu desenvolvimento aparecem as raízes, os caules, as folhas e os frutos. O sistema radicular absorve água e nutrientes do solo. Os nutrientes são subdivididos em macronutrientes e micronutrientes.

- Macronutrientes
  - Nitrogênio (N): absorvido principalmente como NO_3^- e NH_4^+.
  - Fósforo (P): como $H_2PO_4^-$ e HPO_4^{2-}.
  - Potássio (K): na forma iônica K^+.
  - Cálcio (Ca): na mesma forma, Ca^{2+}.
  - Magnésio (Mg): também Mg^{2+}.
  - Enxofre (S): como SO_4^{2-}.

Os macronutrientes são encontrados na solução do solo e constituem elementos essenciais para o crescimento e o desenvolvimento das plantas. São denominados macronutrientes não por serem os mais importantes, mas porque são absorvidos (e necessitados) em maiores quantidades.

- Micronutrientes
  - Zinco (Zn): como Zn^{2+}.
  - Cobre (Cu): como Cu^{2+}.
  - Manganês (Mn): como Mn^{2+}.
  - Ferro (Fe): como Fe^{2+}.
  - Boro (B): como ácido bórico H_3BO_3.
  - Molibdênio (Mo): como MoO_4^{1-}.
  - Cloro (Cl): na forma Cl^-.

Os micronutrientes também são elementos essenciais, porém absorvidos e necessitados em quantidades muito baixas. Sua falta, entretanto, não permite que o vegetal complete de modo pleno seu ciclo vital.

Figura 4.1: Cafezal no município de Luís Eduardo Magalhães, Bahia, ilustrando o dossel exposto à luz solar.

Fonte: cortesia de Isabeli Pereira Bruno.

São essenciais ainda o carbono (C), o oxigênio (O) e o hidrogênio (H) que vêm da atmosfera e da água do solo, fechando, assim, a lista dos dezesseis elementos essenciais às plantas. Além disso, são úteis e encontrados nos tecidos vegetais o cobalto (Co), na forma Co^{2+}, importante para as leguminosas; o silício (Si), na forma SiO_3^-; e o níquel (Ni), na forma Ni^{2+}.

As plantas são organismos vivos autótrofos, isto é, são capazes de utilizar a energia solar na produção de materiais orgânicos. Nesse processo, denominado fotossíntese, moléculas de clorofila presentes na parte aérea da planta participam de uma reação fotoquímica, na qual o gás carbônico (CO_2) reage com a água numa síntese de açúcares realizada à custa de energia solar. O CO_2 vem da atmosfera e penetra pelas folhas da planta via estômatos, e a água, necessária ao processo, vem do solo, passando das raízes (através do xilema) para o caule e, depois, para as folhas. É o processo por meio do qual as plantas verdes transformam energia radiante (eletromagnética) em energia química. A formulação geral da fotossíntese é dada por:

$$CO_2 + H_2O + \text{luz} \xrightarrow{\text{Planta verde}} O_2 + \text{matéria orgânica} + \text{energia química}$$

A energia química resultante é empregada pela célula em vários processos metabólicos. A matéria orgânica produzida é um carboidrato, simbolizado por $(CH_2O)_n$. Essa água dada na equação fica retida nos tecidos vegetais e representa uma proporção muito pequena em relação à água da transpiração, que apenas passa pela planta, mas com a função importantíssima de trazer os nutrientes do solo. Os agentes de absorção da luz solar são os pigmentos que ocorrem nos cloroplastos das plantas superiores (e em algumas algas). Os picos de absorção da radiação solar estão nas faixas do azul (420 a 480 nm) e do vermelho (643 a 660 nm), e o verde central é refletido, daí a cor verde das plantas. Por isso, a faixa do espectro solar que vai de 400 a 700 nm é denominada de fotossinteticamente ativa, cuja sigla em inglês é PAR (*photosynthetic active radiation*).

O principal ciclo fotossintético de produção de carboidratos é o de Calvin, com a formação do 3-PGA (ácido 3-fosfoglicérico), um composto com três carbonos. Por isso, as plantas que seguem esse ciclo são denominadas plantas C_3. Outro grupo de plantas, entre as quais algumas gramíneas (ou poáceas, família *Poaceae*) e outras espécies de plantas adaptadas ao clima árido, segue uma variação do ciclo de Calvin, descoberto por Hatch e Slack, e produzem o malato, um composto com quatro carbonos; elas são denominadas plantas C_4. Uma comparação da fisiologia das plantas C_3 e C_4 evidencia desde diferenças na capacidade de transferência do sistema vascular, na resistência dos estômatos ao fluxo de CO_2 até diferenças na eficiência de utilização do nitrogênio em processos de assimilação. Ainda, mas em minoria, várias espécies de plantas que habitam ambientes áridos e quentes apresentam outro sistema de fixação do CO_2, sistema esse denominado metabolismo ácido das crassuláceas, que são as plantas CAM. Entre elas, destacam-se o cacto, o abacaxi e as orquídeas.

Para crescer e se desenvolver, as plantas também consomem energia pelo processo de respiração, no qual açúcares produzidos na fotossíntese são "queimados" pelo O_2, resultando CO_2 e H_2O. É o processo inverso da fotossíntese. Para que as plantas acumulem matéria seca (crescimento), é necessário que a taxa de produção de açúcares ou taxa de assimilação de carbono (TAC) pela fotossíntese ultrapasse a taxa de queima pela respiração ou taxa de respiração (TR). A diferença entre essas duas taxas é a taxa líquida de assimilação de carbono (TLAC), que precisa ser máxima para o bom desenvolvimento da planta.

Como já dito, para o crescimento e desenvolvimento das plantas, a maior parte da água do solo passa por elas, mas acaba indo para a atmosfera. Como, nesse processo, praticamente não entra energia vital, a planta é, muitas vezes, vista como o elo entre a água do solo e a água da atmosfera, ocupando um papel preponderante no ciclo da água.

CONSUMO DE ÁGUA E CRESCIMENTO

O consumo de água por culturas agrícolas normalmente se refere a toda água perdida pelas plantas (transpiração e gutação) e pela superfície do solo mais a água retida nos tecidos vegetais. A porcentagem de água nos tecidos vegetais é muito alta, mas, mesmo assim, é, em geral, menor que 1% do total evaporado durante o ciclo de crescimento da planta. Por isso, o consumo de água das plantas normalmente se refere apenas à água perdida pela transpiração das plantas e pela evaporação da superfície do solo. Nesses estudos, as seguintes definições são importantes:

- Transpiração: perda de água na forma de vapor, através da superfície da planta.
- Evaporação: perda de água na forma de vapor, através da superfície do solo.
- Evapotranspiração: soma da transpiração com a evaporação. Na prática, a evapotranspiração de uma cultura também é denominada uso consuntivo dessa cultura.

O consumo de água de uma cultura é de fundamental importância do ponto de vista agrícola, pois, em geral, os recursos de água disponíveis são limitados. De importância na evapotranspiração é a arquitetura da planta, visto que, nesse aspecto, destaca-se a área foliar, que é a superfície evaporante exposta à atmosfera. A área foliar de uma cultura é a soma das áreas de cada folha de uma planta. Muito utilizado é o índice de área foliar (IAF), dado pela relação entre a área das folhas e a área de solo ocupada pela planta. Assim, se uma planta ocupa 1 m^2 de solo e tem uma área foliar de 3,5 m^2, o IAF é 3,5 m^2/1 m^2 = 3,5. Isso significa que a evaporação da água do solo se dá em 1 m^2, e a transpiração das plantas em 3,5 m^2. Para efeito de cálculo, porém, a evapotranspiração é estimada por m^2 de cultura, isto é, em L/m^2 = mm.

O IAF varia com o desenvolvimento da cultura. Na semeadura, não há nem planta nem folha. Com o passar do tempo, as plantas crescem e podem chegar a cobrir totalmente o solo, restando uma cobertura ou um dossel verde. Depois da floração, frutificação e maturação, as plantas perdem folhas por senescência, e a área foliar e o IAF chegam a diminuir.

No caso de acúmulo de matéria seca total, que é o resultado da fotossíntese ou TLAC, para a maioria dos casos, o modelo é sigmoidal, acompanhando uma curva sigmoide em forma de S, que se caracteriza por um crescimento a taxas positivas crescentes; depois, continua crescendo a taxas decrescentes até se estabilizar em um máximo, quase ao final do ciclo. Por fim, decresce por causa da senescência das folhas. Na Figura 4.2, é esquematizada uma sigmoide.

Até aqui falamos em crescimento e desenvolvimento das plantas, que são conceitos importantes. Crescimento e desenvolvimento não são sinônimos; são conceitos bem distintos, mas inseparáveis. Enquanto a planta cresce, ela se desenvolve. Crescimento se refere mais ao tamanho da planta, mais corretamente a acúmulo de matéria seca. Desenvolvimento envolve diferenciação, e a planta passa por diversos estádios até fechar o ciclo reprodutivo, produzindo sementes que perpetuarão a espécie. De forma genérica e para

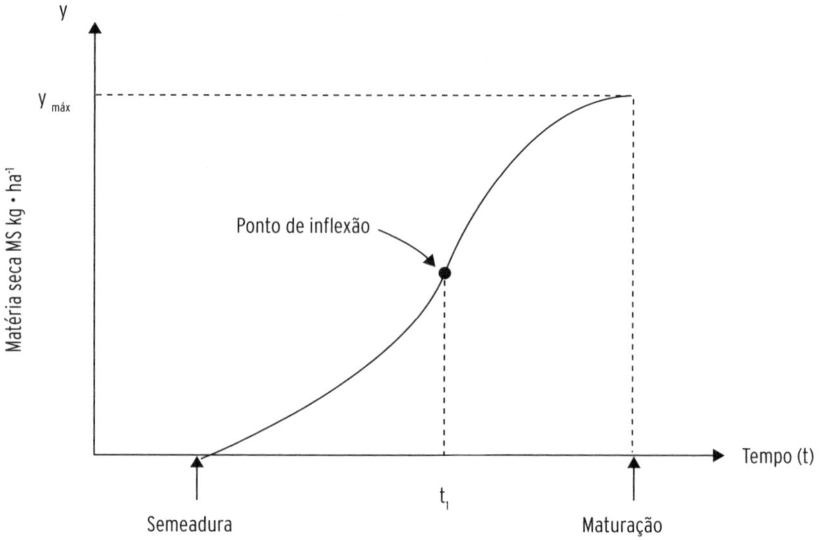

Figura 4.2: Modelo sigmoidal (em forma de S) para descrição do acúmulo de matéria seca por uma cultura vegetal. Antes do ponto de inflexão, os acréscimos de matéria seca são positivos crescentes e, depois dele, positivos decrescentes.

culturas anuais, fala-se em fase vegetativa, floração, frutificação, maturação e senescência. Essas fases são períodos do ciclo que não podem ser confundidos com estádios, que são momentos. A descrição das fases e estádios é denominada fenologia. O milho (*Zea mays L.*), da família das Poáceas (antigas Gramíneas), uma das plantas mais estudadas, é um bom exemplo que apresenta dez estádios: emergência; 4 folhas; 8 folhas; 12 folhas; pendoamento; florescimento; grãos leitosos; grãos pastosos; grãos farináceos; grãos duros; e ponto de maturidade fisiológica. Considera-se que cada estádio foi atingido quando 50% das plantas apresentarem seus sintomas característicos. A Figura 4.3 ilustra os dez estádios de desenvolvimento do milho.

Importante ainda é o termo DAE (dias após a emergência), muito utilizado para acompanhar o ciclo de desenvolvimento das plantas. No lugar do tempo, usa-se DAE; por exemplo, 50 DAE ou $DAE_{máx}$, que é a duração do ciclo.

A duração do ciclo é razoavelmente constante para uma variedade ou cultivo, desde que as condições ambientais sejam adequadas – disponibilidade de nutrientes, de água e de luminosidade, temperatura do ar e do solo adequada etc. Há variedades precoces, de ciclo médio e tardias. Em relação

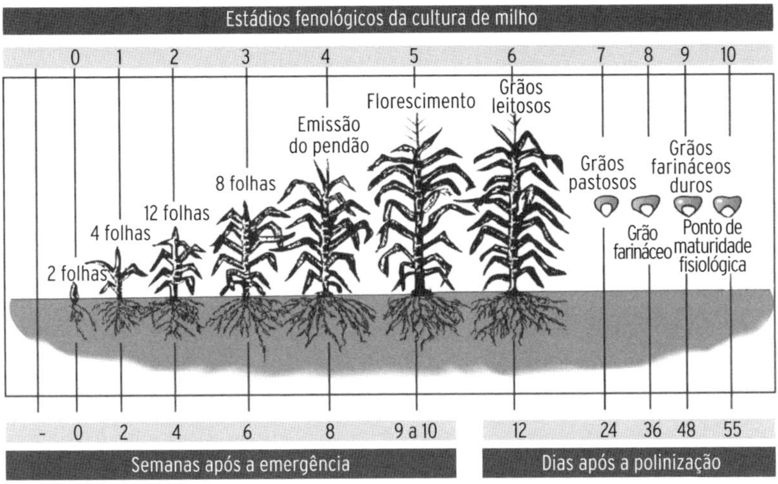

Figura 4.3: Estádios de desenvolvimento do milho.
Fonte: Fancelli e Dourado Neto (2000).

à luminosidade, destaca-se a duração do dia (número possível de horas de insolação em um dado dia, que varia com a época do ano), que leva ao fenômeno do fotoperiodismo. A indução da floração, em muitas espécies, é afetada pelo fotoperíodo (ou duração do dia). Há plantas que não são fotossensíveis e há aquelas que são; entre as que são fotossensíveis, há as de dias longos e as de dias curtos. Na cultura da cana-de-açúcar, por exemplo, em que a produção é representada por colmos, a indução da floração é indesejada. De qualquer forma, ela floresce quando o fotoperíodo está entre 12,0 e 12,5 h, o que, no estado de São Paulo, ocorre entre 25 de fevereiro e 20 de março. Entretanto, há um efeito combinado de temperatura, isto é, a floração só é induzida se a temperatura máxima do ar for menor que 31 °C (o que é raro nessa época do ano) e maior que 18 °C.

As plantas, para crescer e se desenvolver, utilizam a energia que vem do Sol. Uma forma prática de quantificá-la é pelo método graus-dia (GD). Ele se baseia nas temperaturas do ar que reinam no dossel vegetal durante seu ciclo de desenvolvimento. Cada espécie vegetal possui uma temperatura ótima para seu desenvolvimento, que é uma função da radiação solar. Há, ainda, uma temperatura mínima para o crescimento, denominada temperatura de base inferior (T_{bi}), abaixo da qual a cultura praticamente não se desenvolve, e uma temperatura de base superior (T_{bs}), acima da qual o desenvolvimento da cultura é prejudicado. Assim, o intervalo ótimo para o crescimento e o desenvolvimento de uma cultura é $T_{bs} - T_{bi}$. O método GD se baseia nesse intervalo e se dá pela soma dessas diferenças durante o ciclo da cultura. Assim, se uma cultura exige 1.500 GD para fechar seu ciclo, este será tanto mais curto quanto mais rápido esse total de GD for atingido.

Outro aspecto importante durante o crescimento da planta é a partição do carbono da fotossíntese, que é alocado diferentemente em cada parte ou órgão da planta. A taxa de crescimento de matéria seca acumulada pelas plantas em resposta à fotossíntese pode ser desdobrada por órgãos. A Figura 4.4 mostra esquematicamente esse desdobramento em termos percentuais: quanto do total de açúcares da TLAC é alocada em raiz, caule, folha e órgãos reprodutivos, durante um ciclo ideal da cultura de soja, desde a emergência da plântula até a maturidade fisiológica. No período entre a semeadura e a emergência, chamado de germinação, a principal fonte de carbono é a semente. Na emergência, quando começam os processos fotossintéticos, a alocação percentual de carbono é cerca de um terço para cada órgão: raiz, caule e folha. Durante a fase vegetativa, as alocações variam, como mostra a Figura 4.4, e desaceleram depois do florescimento, quando os principais sumidouros do carbono passam a ser os órgãos reprodutivos. O conhecimento desse fluxo de carbono durante o ciclo de desenvolvimento da planta é de grande importância no manejo da cultura, pois ele determina os momentos ou as fases em que as plantas mais necessitam de nutrientes e água. A Figura 4.4 também mostra, de forma esquemática, o coeficiente de cultura (K_c) – que será visto quando abordarmos a evapotranspiração e o índice de área foliar (IAF). Ambos os conceitos estão relacionados ao crescimento foliar e são abordados no Capítulo 13.

ANATOMIA DA PLANTA

Na planta, o movimento de água, desde a entrada na extremidade radicular até sua saída pelas folhas, dá-se por vias especiais, e algumas noções de anatomia vegetal se tornam indispensáveis para a compreensão do processo. Em estudos de movimento e transporte de água nas plantas, é fundamental o conhecimento de sua anatomia, sobretudo da raiz, do caule e da folha.

A zona de absorção de água da raiz se estende desde sua extremidade meristemática (zona de crescimento), por alguns centímetros, até o ponto

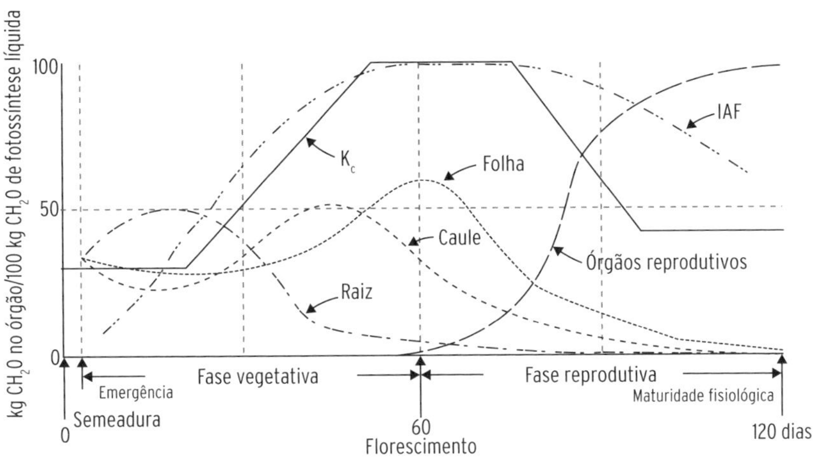

Figura 4.4: Partição de carbono da fotossíntese líquida aos diferentes órgãos da soja de hábito de crescimento indeterminado, coeficiente de cultura (K_c) e índice de área foliar (IAF), desde a emergência até a maturidade fisiológica.

onde a suberização da epiderme se torna evidente. Os pelos absorventes (células epidérmicas com uma extremidade alongada, como indica a Figura 4.5) geralmente estão presentes na zona de absorção e podem aumentar a área de contato entre raiz e solo (para efeito de absorção de água e nutrientes) de um fator 3 ou 4. Uma seção transversal de uma raiz, na zona de absorção de água, é mostrada na Figura 4.5.

As células da raiz são diferenciadas em camadas, e a água (e nutrientes) passa por todas essas camadas, através das células ou pelos espaços intercelulares, até atingir as células do xilema (elemento condutor), localizadas no cilindro central. A epiderme é constituída de uma camada de células, após a qual se inicia o córtex, que, usualmente, possui de cinco a quinze camadas de células de parênquima. Após o córtex, inicia-se a endoderme, também constituída de uma única camada celular. Uma característica da endoderme é apresentar parte das paredes celulares suberizada, de tal forma que todo o movimento de água (e nutrientes) só se dá pelas células e não por espaços intercelulares ou paredes celulares. A barreira suberizada da endoderme denomina-se banda de Cáspari. Após a endoderme, encontra-se o periciclo, constituído de uma ou duas camadas de células de paredes finíssimas, e, após o periciclo, encontram-se os tecidos vasculares: xilema e floema. O primeiro leva a seiva bruta (água e sais minerais) à parte aérea da planta; o segundo conduz a seiva elaborada (solução de materiais orgânicos elaborados na fotossíntese) das folhas às raízes.

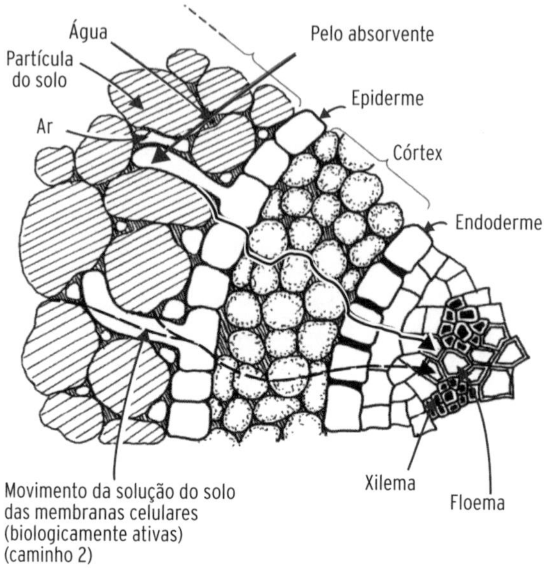

Figura 4.5: Esquema da seção transversal de raiz, indicando o movimento da água do solo para o xilema, por dois caminhos: 1. através das paredes celulares (apoplasto), linha preta reta; 2. através do protoplasma (simplasto), linha preta tracejada. As áreas escuras entre as células da endoderme são as estrias de Cáspari.

O movimento da solução do solo pode se dar por duas vias na raiz. A primeira é através das paredes celulares e espaços intercelulares, em conjunto denominado espaço externo. Nesse caso, a água se move em virtude das diferenças de potencial, e os solutos ou são arrastados (fluxo de massa) ou movem-se por difusão. Nesse processo, não é envolvida energia proveniente do metabolismo vegetal, motivo pelo qual é denominado processo de transferência inativo ou absorção passiva. A segunda é através de membranas celulares e células vivas ou espaço interno. Nesse caso, a água move-se principalmente por causa de diferenças de potencial osmótico, e os solutos movem-se por transporte ativo, isto é, transporte que envolve energia biológica, denominado absorção ativa. As membranas celulares são membranas semipermeáveis e seletivas, nas quais há dispêndio de energia durante o transporte de íons. Até o momento, a maioria das pesquisas indica que o movimento de água é prioritariamente inativo.

O xilema estende-se pelo caule, das raízes até as folhas. Quando o feixe vascular do xilema penetra na folha, ele se subdivide em uma série de ramos até se constituir, progressivamente, de simples células. Essas células estão em contato com as células do parênquima lacunoso, tecido esponjoso com grande quantidade de espaços intercelulares, onde a água evapora, isto é, passa do estado líquido para o estado de vapor. Na Figura 4.6 é representado, esquematicamente, o corte transversal de uma folha.

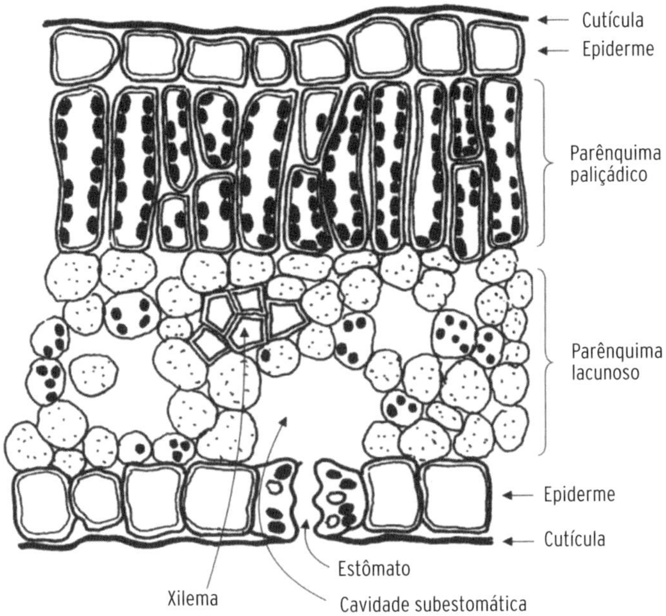

Figura 4.6: Esquema de corte transversal de uma folha.

O vapor da água dos espaços intercelulares atinge a atmosfera por dois caminhos: pela cutícula, em menor quantidade, e pelos estômatos. A cutícula é uma camada suberizada que recobre as células da epiderme e, por isso, as perdas de água pela cutícula são muito poucas. Estômatos são orifícios de 4 a 12 μm de largura por 10 a 14 μm de comprimento, encontrados na superfície da folha (superior, inferior ou ambas, dependendo da espécie), pelos quais se dão as principais trocas gasosas entre a planta e a atmosfera. Através deles, o vapor da água sai da folha, atingindo a atmosfera, e o gás carbônico penetra nos espaços intercelulares, sendo aproveitado no processo fotossintético. Os estômatos são constituídos de duas células, entre as quais se encontra um orifício de dimensões variáveis (Figura 4.7). A estrutura do aparelho estomatal pode variar consideravelmente de planta para planta. Seu número médio é de cerca de 10.000/cm². As variações de sua abertura são devidas a diferenças do potencial da água dentro deles, uma função de vários fatores. Um aumento de volume de células-guarda provoca a abertura do ostíolo. Essas variações de volume podem ser devidas a variações na translocação de água na planta e à intensidade de perda de água da folha para a atmosfera. Os estômatos também são sensíveis a luz, temperatura e concentrações de CO_2 e de potássio. Seu funcionamento, bastante complexo, não será tratado aqui.

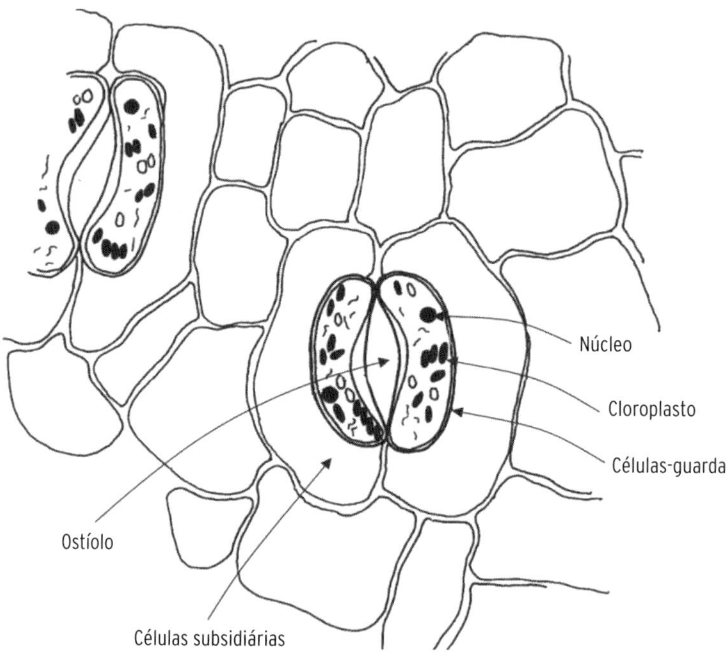

Figura 4.7: Esquema de estômato.

Em capítulos posteriores, abordaremos o movimento da água no sistema solo-planta-atmosfera como um todo. Para isso, é importante conhecer como a água se apresenta nos diversos tecidos vegetais:

- Nas paredes celulares: a parede celular de uma célula adulta geralmente é composta de três partes, lamela central (pectato de cálcio); parede primária (fibras de celulose impregnadas de materiais pécticos); e parede secundária (celulose, pectina, lignina e cutina). As superfícies desses materiais e os grupos hidróxilos das moléculas de celulose são fortemente hidrofílicos, absorvendo água, principalmente por ligações de hidrogênio. Em células túrgidas, a água é retida nas paredes (poros dos tecidos fibrosos) por fenômenos de tensão superficial. O conteúdo de água na parede celular varia muito de célula para célula, podendo chegar a 50% (na base de volume, m^3H_2O/m^3 de parede celular).

- No protoplasma: em comparação com a parede celular, o conteúdo de água no protoplasma chega a alcançar 95% do volume, podendo, porém, cair para níveis bem inferiores quando ocorre a inatividade celular por temperatura extrema, falta de água etc. O protoplasma é constituído essencialmente de proteínas e água.
- No vacúolo: aqui seu conteúdo pode chegar a mais de 98% do volume; os 2% restantes são açúcares, ácidos orgânicos e sais minerais. Todos esses componentes são de grande importância nos fenômenos osmóticos da célula.
- No sistema vascular: constitui a seiva, cuja composição no xilema e floema geralmente é bem diferente. O xilema contém, principalmente, água como solvente dos sais minerais absorvidos do solo, e o floema, água com produtos metabólitos produzidos pela fotossíntese.
- No lenho: nas árvores de grande porte, o tronco e os ramos lenhosos constituem-se de casca (material morto, suberizado), do alburno (que contém o xilema e o floema) e do cerne (madeira propriamente dita). A madeira "verde" chega a ter 50% de água e, depois de seca, de 10 a 15%.

EXERCÍCIOS

1. Por que para uma planta se desenvolver a taxa fotossintética precisa ser maior que a taxa de respiração?
2. Qual a diferença entre desenvolvimento e crescimento de uma planta?
3. Você entendeu bem as variações temporais dos processos mostrados na Figura 4.4 ?
4. Como as plantas nativas de cada região se adaptam ao regime pluviométrico?
5. A batata e o tomate pertencem à mesma família. Ambos são frutos?

5 Atmosfera, o invólucro fluido que envolve o planeta Terra

COMPOSIÇÃO E ESTRUTURA DA ATMOSFERA

O planeta Terra possui uma camada gasosa que o envolve, constituindo a atmosfera, essencial às formas de vida que nele evoluíram e que também ajudaram a formá-la. Durante as eras geológicas, a composição química da atmosfera variou bastante, e atingiu um equilíbrio dinâmico nos últimos 200 milhões de anos. Para fins de estudos e definições meteorológicas, sua composição média considerada é a da Tabela 5.1.

Tabela 5.1: Composição média do ar seco próximo ao solo, em % volume ou $\mu L.L^{-1}$, segundo a Organização Meteorológica Mundial (OMM).

COMPONENTE DE TEOR ESTÁVEL		COMPONENTE DE TEOR VARIÁVEL ($\mu L.L^{-1}$)	
Nitrogênio	78,084%	Ozônio	0 a 0,07
Oxigênio	20,946%	SO_2	0 a 1,0
Gás carbônico	0,039%	NO_2	0 a 0,02
Argônio	0,934%	CH_2O	-
Neônio	$18{,}18.10^{-6}$ L.L^{-1}	Iodo	20
Hélio	$5{,}24.10^{-6}$ L.L^{-1}	NaCl	20
Criptônio	$1{,}14.10^{-6}$ L.L^{-1}	NH_3	-
Xenônio	$0{,}09.10^{-6}$ L.L^{-1}	CO	-
Hidrogênio	$0{,}5.10^{-6}$ L.L^{-1}	Radônio	6×10^{-12}
Metano	$2{,}0.10^{-6}$ L.L^{-1}		
N_2O	$0{,}5.10^{-6}$ L.L^{-1}		

A massa total da camada gasosa que constitui a atmosfera corresponde a 0,001% da massa total do planeta e está praticamente concentrada nos dez primeiros quilômetros de altitude (que constitui a troposfera), o que corresponde a uma camada muito fina quando comparada ao raio do planeta, que é de aproximadamente 6.000 km. Em virtude das dimensões do planeta (força gravitacional), da densidade dos gases e dos processos de aquecimento e resfriamento, a atmosfera possui uma estrutura vertical característica, indicada na Figura 5.1. A camada mais baixa, próxima ao solo, é denominada troposfera e se caracteriza pela diminuição da temperatura com a altitude. Essa camada contém 80% da massa total da atmosfera e é a camada mais fortemente influenciada pelas transferências de energia que ocorrem na superfície da Terra. Esses processos criam gradientes de temperatura e de pressão, os quais produzem os movimentos atmosféricos responsáveis pelo transporte de vapor de água e de calor. A espessura da troposfera é variável, estendendo-se de 16 a 18 km nas regiões tropicais e de 2 a 10 km nas regiões polares.

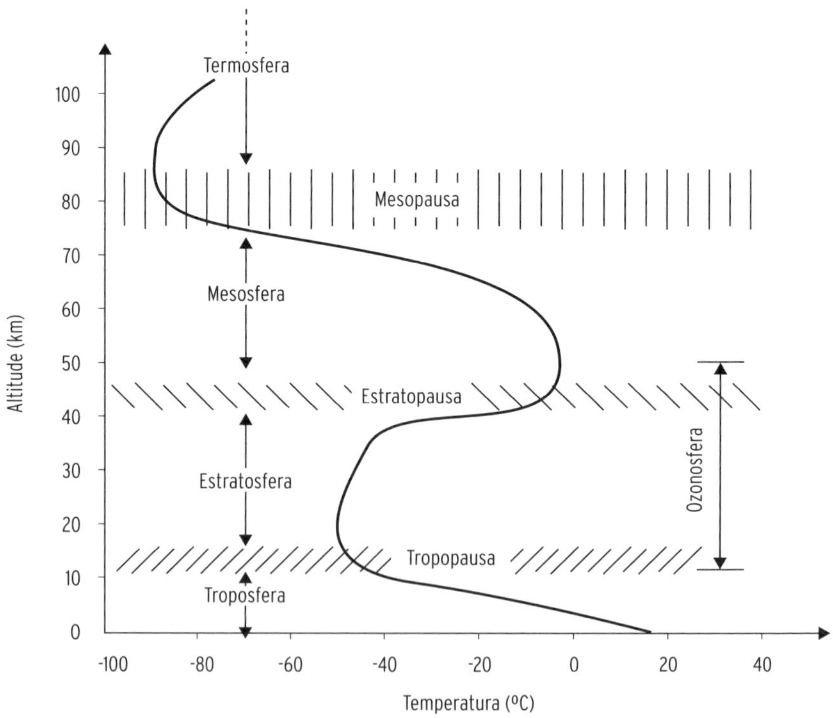

Figura 5.1: Estrutura vertical da atmosfera.

A troposfera tem como limite uma camada denominada tropopausa, na qual os movimentos atmosféricos são sensivelmente reduzidos, daí seu nome. Acima da tropopausa encontra-se a estratosfera. Nessa camada a temperatura vai aumentando, e chega a atingir 50 km de altitude, valores de temperatura da ordem das da superfície da Terra. Esse aumento de temperatura está associado à absorção de radiação ultravioleta pelo ozônio, presente em alta concentração (relativamente) em altitudes que variam de 20 a 50 km. Acima da estratosfera, há uma camada onde a temperatura passa por um máximo, denominada estratopausa. Acima dela, estende-se a mesosfera, caracterizada pela diminuição da temperatura com a altitude. A região de menor temperatura, que é o limite superior da mesosfera, denomina-se mesopausa. Acima de 80 a 90 km, a temperatura parece aumentar continuamente com a altitude, até atingir temperaturas da ordem de 1.500 K a 500 km. Essa região é denominada termosfera ou ionosfera.

A UMIDADE DO AR

Esse envoltório gasoso que circunda a Terra é caracterizado por sua pressão atmosférica local (P_{atm}) e sua temperatura, chamada de temperatura do ar (T_{ar}).

A P_{atm} vem a ser a soma das pressões parciais dos elementos constituintes do ar atmosférico (ver Tabela 5.1), com cada um deles atuando de maneira independente, segundo a lei de Dalton. Assim, ela é a soma da pressão do O_2, com a do N_2, e assim por diante, incluindo a pressão do vapor de água, para o qual daremos especial atenção. Essa pressão atmosférica é medida por barômetros ou barógrafos em estações meteorológicas. Seu valor oscila em torno de 760 mmHg ao nível do mar. A pressão atmosférica corresponde ao peso por unidade de área de uma coluna de ar que se estende desde o local considerado até o limite externo da atmosfera, variando enormemente com a altitude. Em Piracicaba, no estado de São Paulo, que está a 580 m acima do nível do mar, o valor da pressão atmosférica oscila em torno de 712 mmHg. A unidade mmHg ainda é muito utilizada em Meteorologia, mas o correto é o uso do Pascal (Pa).

A lei de Dalton também é aplicada separadamente ao vapor de água em estudos de umidade do ar, de enorme importância para a agricultura:

$$P_{atm} = P_{ar\ seco} + P_{vapor\ de\ água}$$

$P_{ar\ seco}$, ou simplesmente P_a, é a soma das pressões parciais de todos os componentes – O_2, N_2, CO_2 etc. – menos a água; $P_{vapor\ de\ água}$ é resumidamente P_{va}. Esta última é, então, a contribuição de vapor de água para a pressão atmosférica. Ela é simplesmente denominada pressão parcial atual de vapor do ar. Três princípios básicos regem o vapor de água no ar:

- A P_{va} é tanto maior quanto mais vapor existe no ar, ou quanto mais úmido é o ar, o que é bastante óbvio.
- A dada T_{ar}, há um máximo de vapor de água que o ar pode reter. O que quer dizer que um ar não pode ser umedecido a qualquer valor, em certo ponto ele se satura. Quando o ar retém o máximo de vapor, sua pressão parcial é denominada pressão parcial de saturação de vapor ou pressão máxima de vapor (P_{vas}).
- Quanto maior a temperatura do ar, maior a massa de vapor que ele pode reter, isto é, quanto maior T_{ar}, maior P_{vas}. Assim, quanto mais quente um ar, mais úmido ele pode ser.

Esses três princípios regem processos importantes que ocorrem na atmosfera, que veremos brevemente a seguir. Deles decorre o conceito de umidade relativa (UR) de uma amostra de ar, que é a relação percentual entre P_{va} e P_{vas}. Assim, se a UR é de 35%, isto significa que, naquela situação, o ar possui 35% do vapor que poderia ter. É portanto um ar relativamente seco. Quando a UR chega a 100%, o ar se encontra saturado. Mesmo saturado, se ele for aquecido e passar a ter uma T_{ar} maior, ele se dessatura e o percentual da UR cai. De manhã, quando há uma neblina, a UR é de 100%. Como a neblina se constitui de pequenas gotículas de água líquida que fica suspensa no ar contra a gravidade, quando o sol aquece o ar, a neblina some como que por milagre, porque o ar mais quente consegue reter a água das gotículas. A água que se acumula na parte externa de um copo gelado nada mais é que a água do ar próximo ao copo que se resfriou a ponto de não poder reter toda água que antes conseguia reter. Ao ligar o ar quente em um carro embaçado, o fenômeno contrário ocorre.

A temperatura na qual o ar atingiria a saturação, por resfriamento, sem variar sua umidade, é denominada temperatura do ponto de orvalho (t_o), ou, simplesmente, ponto de orvalho. No ponto de orvalho, a UR chega a

100%. Em uma noite de inverno, o ar vai se resfriando e sua UR aumentando, digamos 60, 70, 80, 90 e, de madrugada, 100%. É quando se atinge a t_o, e o excesso de água se condensa na forma de orvalho sobre superfícies que se resfriaram mais que o ar ou uma neblina se forma.

A ENERGIA RECEBIDA DO SOL

Um dos mais importantes capítulos da Meteorologia é o estudo da energia recebida do Sol pela radiação solar. Cometendo um erro plenamente desprezível, o Sol pode ser considerado a única fonte de energia responsável pelos processos físicos, químicos e biológicos que se desenvolvem na atmosfera (Figura 5.2). Qualitativamente, a radiação solar se constitui de ondas eletromagnéticas de comprimento de onda que variam de 200 a 2.000 nm, aproximadamente (Figura 5.3). A velocidade da luz no vácuo é de 300.000 km s^{-1} e, mesmo assim, leva cerca de 8 minutos para chegar à Terra. Quando nos referimos a um espectro de radiação eletromagnética, subentendem-se todos os comprimentos de onda dos quais ele se constitui. A cada comprimento de onda há, portanto, associada uma quantidade de energia ($W.m^{-2}.nm^{-1}$), cuja somatória, em termos de comprimento de onda, nos dá a energia total do espectro ($W.m^{-2}$). Na Figura 5.3, a curva superior é o espectro solar na ausência da atmosfera, isto é, aquela que chega no topo da atmosfera. Na mesma figura, é possível ainda ver o espectro da radiação global (aquela que atinge a superfície do solo).

Todos os corpos da natureza emitem radiações na forma de ondas eletromagnéticas. O Sol, obviamente, e a Terra emitem radiações desde que estejam a uma temperatura absoluta T maior que 0 K, que é a temperatura absoluta ou de Kelvin. Essa afirmação baseia-se na lei de Stephan-Boltzmann, que diz que a emissão de um corpo é proporcional à quarta potência de sua temperatura absoluta T. Assim, considerando que a temperatura da superfície do Sol seja 6.000 K, sua emissão é proporcional a $(6.000)^4$, que é um número muito grande; e a emissão da Terra, cuja superfície tem, em média, 300 K, é proporcional a $(300)^4$. Se considerarmos o tamanho do Sol em relação ao da Terra, percebemos que sua emissão total é ainda muito maior. Acontece que apenas uma pequeníssima fração dessa energia solar atinge nosso planeta.

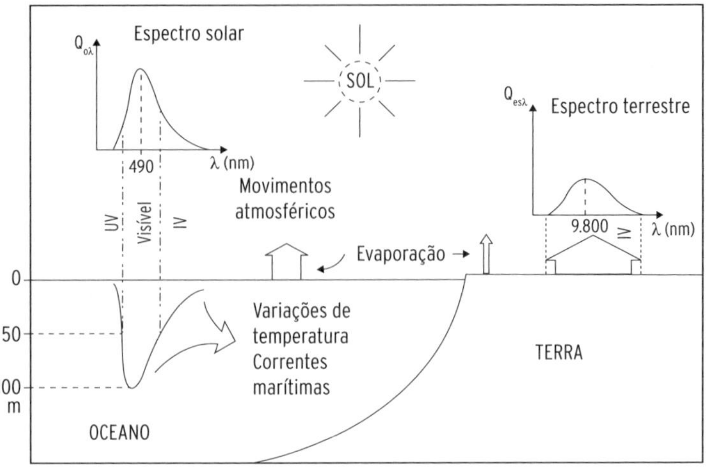

Figura 5.2: Importância da radiação solar como motor dos processos que ocorrem nos oceanos e na superfície da Terra. No alto à esquerda, o espectro solar de ondas curtas, mostrando que a luz visível penetra nos oceanos até 100 m. À direita, o espectro terrestre de ondas longas emitido pela Terra.

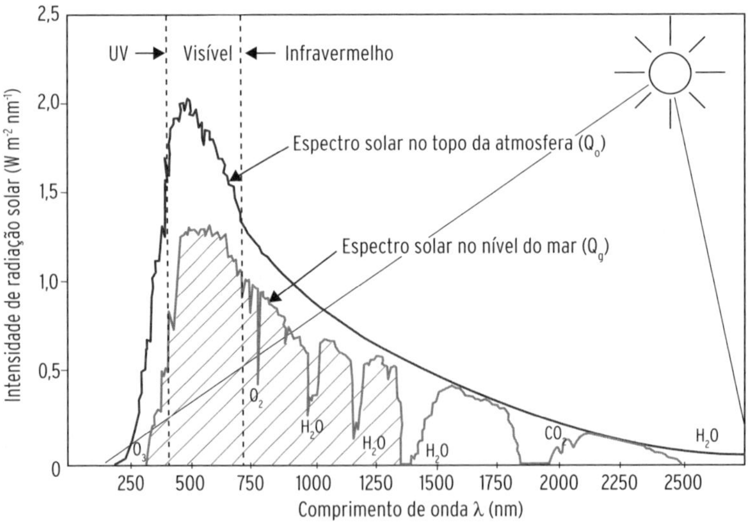

Figura 5.3: Espectros da radiação solar antes de penetrar na atmosfera e ao nível do mar. Os picos invertidos são as faixas de absorção de radiação pelo ozônio, oxigênio, vapor d'água e gás carbônico.

A quantidade de energia radiante que alcança uma superfície unitária por unidade de tempo, colocada perpendicularmente aos raios solares, na ausência da atmosfera e a uma distância do Sol igual à média das distâncias Terra-Sol (diferenças muito pequenas, uma vez que a trajetória da Terra em torno do Sol é uma elipse de baixa excentricidade), é denominada constante solar. Seu valor aproximado é $J_o \cong 2$ cal.cm^{-2}.min^{-1} ou 1.400 W.m^{-2}. Essa radiação solar é denominada radiação de onda curta, em contraste com aquela emitida pela Terra, denominada radiação de onda longa ou radiação terrestre (Figura 5.4).

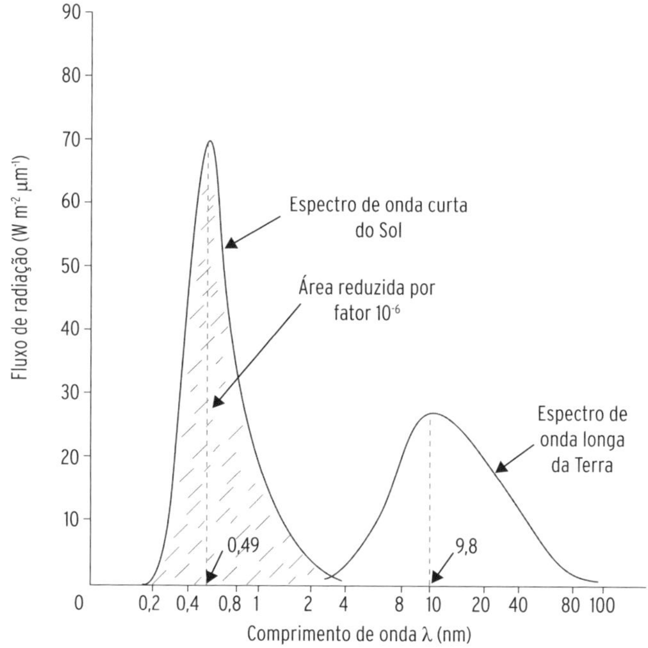

Figura 5.4: Espectro solar de ondas curtas e espectro terrestre de ondas longas. Observe que o pico de onda curta está reduzido um milhão de vezes.

Quando um feixe de radiações $I_{00\lambda}$ (W.m^{-2}) incide sobre um meio transparente (como a atmosfera), ele é parcialmente refletido ($I_{r\lambda}$); absorvido/difundido ($I_{a\lambda}$); e transmitido ($I_{t\lambda}$). O feixe emergente desse meio ($I_{t\lambda}$) é dependente das propriedades desse meio. A Figura 5.5 mostra esse processo, evidenciando as partes refletidas ($I_{r\lambda}$), absorvidas/difundidas ($I_{a\lambda}$) e a transmitida ($I_{t\lambda}$), em que $I_{00\lambda} = I_{r\lambda} + I_{a\lambda} + I_{t\lambda}$ (pela conservação da energia). As seguintes características do material translúcido são definidas de acordo com a intensidade de cada feixe: assim, um poder refletor ou refletividade (r), também chamado de albedo, de 40%, indica que o meio devolve 40% do que penetra nele; um poder absortivo ou absortividade (a) de 10% indica uma absorção de 10%; e um poder transmissivo ou transmissividade (t) de 50% indica que 50% foram transmitidos, totalizando, assim, 100%.

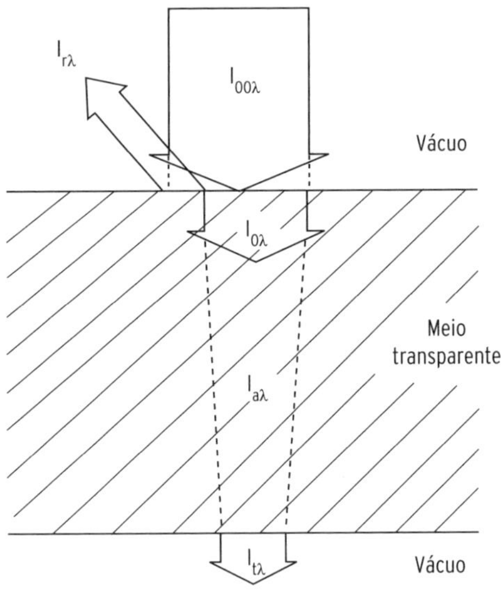

Figura 5.5: Esquema de feixe de radiações atravessando um meio translúcido.

Para comprimentos de onda na faixa do visível, por exemplo, r tende a 100% em um espelho ($I_{r\lambda} \cong I_{00\lambda}$, $I_{a\lambda} = 0$, $I_{t\lambda} = 0$); a tende a 100% em um corpo negro ($I_r = 0$, $I_{a\lambda} \cong I_{00\lambda}$, $I_{t\lambda} = 0$); e t tende a 100% em um vidro de quartzo puro ($I_r = 0$, $I_{a\lambda} = 0$, $I_{t\lambda} \cong I_{00\lambda}$). Na maioria dos casos r, a e t assumem valores entre 0 e 100%, dependendo do meio.

A transmissividade t, como vimos, varia muito com o comprimento de onda. Para ondas curtas (do Sol), por exemplo, t é muito alto para vidro e plásticos transparentes, deixando passar quase tudo. Porém, para ondas longas (da Terra), t é muito baixo, deixando passar muito pouco. Esse processo é a descrição do que chamamos de efeito estufa, que ocorre em casas de vegetação de vidro ou de plástico utilizadas como viveiros. Nelas, a radiação solar penetra com grande facilidade durante o dia, aquecendo seu interior. De acordo com a lei de Stephan-Boltzmann, o interior aquecido emite radiação infravermelha distante (onda longa), que não consegue escapar da estufa, e é refletida de volta. Com isso, a temperatura interna da estufa aumenta em relação à temperatura externa e, durante a noite, mantém-se em níveis mais altos. No inverno, as estufas são vantajosas; no verão, a temperatura pode ficar tão alta que se faz necessária a ventilação forçada ou o uso de plástico perfurado.

Em termos globais, a atmosfera terrestre também possui uma transmissividade característica, que permite a chegada da radiação solar à superfície da Terra. A poluição atmosférica, porém, tem modificado a sua transmissividade, principalmente em relação às ondas longas, e o balanço global de energia é afetado, tendo como consequência um aumento da temperatura média do globo terrestre (Figura 5.6).

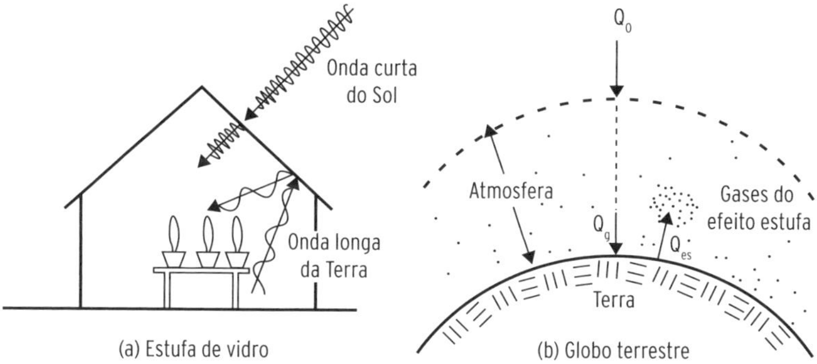

Figura 5.6: Esquema do efeito estufa: (a) em casa de vegetação; (b) na crosta terrestre.

A radiação solar em seu trajeto pela atmosfera sofre diversas perdas por fenômenos de absorção e difusão. Os principais componentes da atmosfera responsáveis pela absorção são:

- Ozônio, que intercepta quase completamente as radiações ultravioleta (UV) em torno de 250 nm (o valor do coeficiente *a* do ozônio é muito alto para o UV) e tem bandas fracas de absorção (bandas correspondem a comprimentos de onda para os quais a é muito alto; a absorção nessa faixa é alta) na região infravermelha.

- Gás carbônico, que possui absorção seletiva para os comprimentos de onda em torno de 1850 nm.
- Vapor de água, que é o mais importante dos absorventes seletivos, apesar de seu baixo teor na atmosfera (± 2%), absorvendo predominantemente na região infravermelha, isto é, em torno de 1.000, 1.200, 1.350 e 2.700, como mostra o gráfico da radiação global (Figura 5.3).

Além do processo de absorção, ocorre, na atmosfera, o processo de difusão da radiação solar, determinada por seus diferentes constituintes. Esse processo é responsável por perdas apreciáveis de radiação que retornam para o espaço. Em virtude das dimensões das partículas determinantes da difusão, cumpre notar dois efeitos distintos. Se as partículas forem de dimensões da ordem de 0,01 a 0,1 do comprimento de onda da radiação, a difusão será proporcional ao inverso da quarta potência do comprimento de onda da radiação ($1/\lambda^4$). Isso significa que comprimentos de onda menores são preferencialmente difundidos e que a difusão cresce de modo rápido na direção do violeta no espectro visível. Esse processo de difusão é responsável pela coloração azul viva do céu. Ele é denominado difusão seletiva, a fim de ser distinguido do processo de difusão determinado por partículas de maiores dimensões, que não é seletivo. Nesse caso, a difusão já não é dependente do comprimento de onda da radiação, e há difusão para todos os comprimentos de onda, resultando na cor branca da luz difusa. Um exemplo típico é o nevoeiro, que é branco-acinzentado.

Suponha-se que um fluxo de radiação Q_o ($cal.cm^{-2}.min^{-1}$ ou $W.m^{-2}$) penetre na atmosfera em seu limite mais extremo (Figura 5.7). O leitor não deve confundir a constante solar J_o com Q_o. No caso de J_o, a superfície receptora fica sempre perpendicular aos raios solares e, por isso, seu valor é constante. No caso de Q_o, a superfície é paralela à horizontal do local considerado, e seu valor depende da inclinação dos raios solares, que, por sua vez, depende da época do ano, latitude e hora do dia de incidência.

A Figura 5.8 ilustra a Lei dos cossenos relativa à inclinação dos raios solares. Incidindo sobre uma superfície inclinada de um ângulo α em relação à direção dos raios, o feixe atua sobre uma área A^α maior que a área correspondente perpendicular aos raios A_N. Como a intensidade do feixe é dada em $W.m^{-2}$, ela diminui pelo fator $\cos\alpha$. Na perpendicular, atua Q_0;

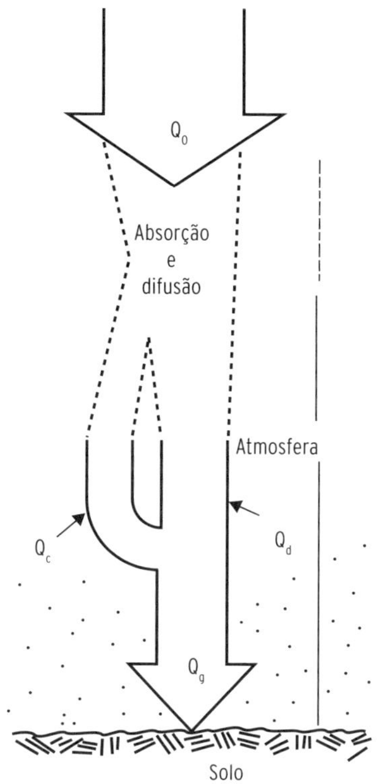

Figura 5.7: Esquema da passagem da radiação solar pela atmosfera.

em superfície que faz um ângulo α com a normal, atua $Q_0.\cos\alpha$. Portanto, como o feixe é o mesmo, mas atua sobre uma área maior inclinada, ele, aparentemente, enfraquece.

Pelo fato da translação da Terra em torno do Sol se dar com uma inclinação de seu eixo (sempre paralelo a si mesmo) de aproximadamente 23° em relação ao plano de translação (eclíptica), aparecem as estações do ano com dias de comprimento variável. O dia tem 12 horas nos equinócios, que ocorrem em 21 de março e 23 de setembro, em qualquer latitude, isto é, qualquer parte do globo. O dia é mais longo no solstício de verão e mais curto no solstício de inverno, que ocorrem no Hemisfério Sul em 21 de dezembro e 21 de junho, respectivamente (o oposto no Hemisfério Norte). Nos solstícios, quanto maior a latitude, maior a variação dia/noite. Assim, os valores de comprimento do dia N e da radiação Q_o variam como apresentado na Tabela 5.2. O comprimento do dia também é chamado de

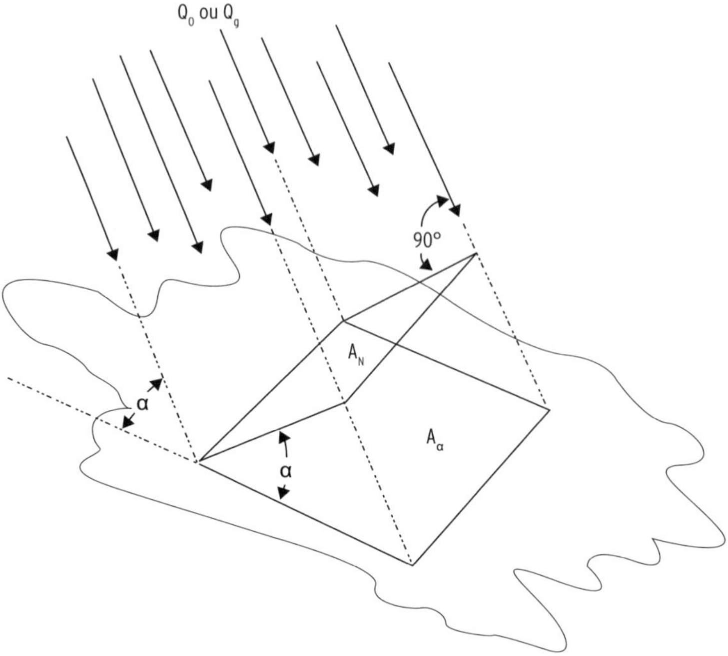

Figura 5.8: Lei dos cossenos, mostrando que $A_N = A\alpha.\cos\alpha$, isto é, $A_N < A\alpha$ pois $\cos\alpha$ é sempre menor que 1.

fotoperíodo. Quando falamos do desenvolvimento das plantas no Capítulo 4, mostramos a importância do N, que leva ao fotoperiodismo das espécies.

Tabela 5.2: Radiação solar ($cal.cm^{-2}.dia^{-1}$) que atinge a superfície horizontal no topo da atmosfera, no dia 15 de cada mês, e horas possíveis de insolação, para três latitudes do Brasil central.

LATITUDE	-20°		-22° 30'		-25°	
MÊS	Q_0	N	Q_0	N	Q_0	N
Jan.	994	13,2	1.004	13,4	1.013	13,6
Fev.	952	12,8	953	12,8	952	12,9
Mar.	870	12,2	859	12,2	846	12,3
Abr.	748	11,6	726	11,6	701	11,5
Maio	635	11,2	606	11,1	576	10,8
Jun.	571	10,9	539	10,8	507	10,5
Jul.	586	11,0	555	10,9	523	10,7

(continua)

Tabela 5.2: Radiação solar (cal.cm^{-2}.dia^{-1}) que atinge a superfície horizontal no topo da atmosfera, no dia 15 de cada mês, e horas possíveis de insolação, para três latitudes do Brasil central. (*continuação*)

LATITUDE	-20°		-22° 30'		-25°	
MÊS	Q_0	N	Q_0	N	Q_0	N
Ago.	672	11,4	646	11,3	618	11,2
Set.	792	12,0	774	12,0	755	11,9
Out.	897	12,5	891	12,6	883	12,7
Nov.	968	13,2	973	13,2	977	13,4
Dez.	996	13,3	1.008	13,5	1.018	13,8

Durante o percurso dessa radiação na atmosfera, como vimos, parte dela é absorvida, outra difundida e, finalmente, uma terceira atinge a superfície da Terra (Figura 5.7). A fração difundida pela atmosfera ou radiação difusa constitui-se de uma parte que retorna ao espaço sideral e de outra que atinge a superfície da Terra, que denominaremos de radiação do céu (Q_c). À superfície da Terra chega, então, a radiação do céu mais a fração de radiação que não sofreu alteração ao atravessar a atmosfera, denominada de radiação direta (Q_d). A soma dessas duas frações é a radiação global (Q_g).

A radiação global pode ser medida com instrumentos especiais (actinógrafos ou solarímetros), que registram a energia, em cal.cm^{-2}.min^{-1} ou W.m^{-2}, que atinge o solo. Parte da radiação que atinge o solo Q_g é refletida de volta para a atmosfera.

O termo *energia líquida* (Q_L) é usado para expressar a diferença entre a radiação de onda curta que chega a dado plano sobre o solo e a radiação de onda longa que deixa esse mesmo plano. Esse plano pode ser a superfície do solo ou um plano qualquer, imaginário, a determinada altura do solo.

Essa energia absorvida pela superfície vai aquecê-la e fazê-la emitir radiação (Q_{es}), que é a emissão da Terra em forma de onda longa. Essas radiações, por sua vez, provocam um aumento na temperatura da atmosfera, que também emite radiação em forma de onda longa (Q_{ea}). Assim, estabelece-se o balanço de radiações (BR), que é um balanço de ondas curtas (BOC) e de ondas longas (BOL). Portanto:

$$BR = BOC + BOL$$

No caso de culturas agrícolas, são importantes para a fotossíntese as radiações de onda curta das faixas do azul e do vermelho. Por isso, convencionou-se como radiação fotossinteticamente ativa (RFA), em inglês *Photosinthetically Active Radiation* (PAR), a faixa do visível entre 400 e 700 nm. A RFA é medida por radiômetros próprios que incluem no valor apenas essa faixa. Um radiômetro desses (voltado para cima), instalado pouco acima da cultura (por exemplo, milho), mede RFA_0, que é uma fração de Q_g. Outro, instalado no mesmo nível (voltado para baixo), mede RFA_r, que é a fração refletida (Q_r). Mais um, instalado na superfície do solo (voltado para cima), mede a radiação transmitida dentro da cultura (RFA_t), todas em $W.m^{-2}$ (Figura 5.9). A parte absorvida pela cultura (RFA_a) é calculada por diferença.

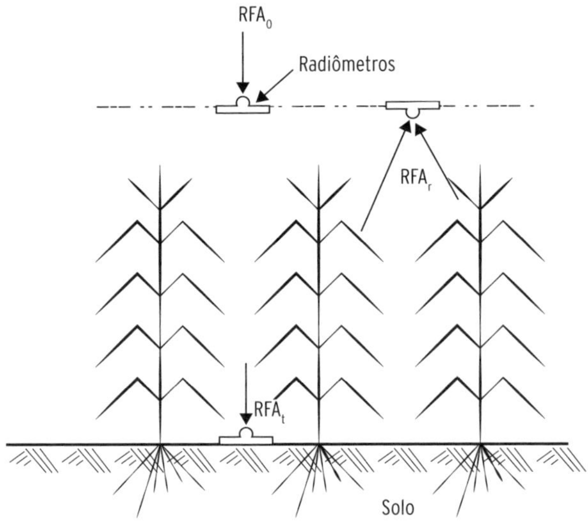

Figura 5.9: Esquema da interação da radiação fotossinteticamente ativa (RFA) em cultura de milho. RFA_0 é recebido pelo Sol; RFA_r é a radiação refletida; RFA_t é transmitida.

Tanto a Q_g como a RFA_0 estão disponíveis para os processos físico-químicos e biológicos que ocorrem no dossel de uma cultura. Estão, portanto, também relacionadas ao crescimento e ao desenvolvimento das culturas, abordados no capítulo anterior. Seus conceitos são relativamente novos, e, muito antes deles, definiu-se o método de graus-dia (GD), com os mesmos propósitos. A origem desse método data do século XVIII, sugerido por Reaumur, na França, por volta de 1735. Nessa época, a medida mais simples (senão a única) de avaliação de energia ou de quantidades de calor era a temperatura. Por essa razão, Reaumur assumiu que o somatório das temperaturas do ar durante o ciclo vegetativo de uma espécie expressa a quantidade de energia de que ela necessita para atingir a maturidade. Assim, ele foi o precursor do sistema de unidades térmicas ou GD, utilizado atualmente para caracterizar o ciclo fenológico das culturas agrícolas. Os GD são ainda muito utilizados quando só se dispõe de dados de temperatura.

O VENTO

Vento é o deslocamento de ar originado por diferenças de pressão atmosférica e de temperatura entre as diferentes posições no globo terrestre. Em escala maior, temos os ventos Alísios, entre os trópicos e o Equador; os ventos de oeste e leste, entre os trópicos e os polos; ciclones e anticiclones; os efeitos El Niño e La Niña ocasionados por diferenças de temperatura no oceano Pacífico. Para a agricultura, são de maior importância os ventos locais, aqueles que afetam uma região ou mesmo uma cultura. Essa importância está no transporte de massas de ar de diferente temperatura, pressão e umidade. Por isso, os ventos afetam as temperaturas do ar, os regimes de chuva (nebulosidade) e os processos de evaporação e evapotranspiração. Se um ar seco passa por uma cultura, por exemplo, ele acelera o processo de evapotranspiração.

O vento é uma grandeza vetorial, com módulo, sentido e direção. Os dois últimos são caracterizados pela rosa dos ventos, com oito direções fundamentais: N, NE, NO, S, SE, SO, E e O. Já o módulo é medido por anemômetros, que registram a velocidade instantânea ou a média de um período (geralmente um dia). Na verdade, como há turbulência, mede-se a componente horizontal em m/s ou km/h, com 1 m/s = 3,6 km/h.

Em certas regiões, o vento pode também afetar o manejo da agricultura por seu efeito mecânico sobre o dossel. Na cultura de cana-de-açúcar, por exemplo, os colmos deitados por ação do vento são um problema na ocasião da colheita. Em casos de ventos mais intensos, utiliza-se quebra-ventos, constituídos de linhas de arbustos ou até mesmo árvores, dispostos em espaçamentos largos entre os quais as culturas agrícolas se desenvolvem.

EXERCÍCIOS

1. Você entendeu bem o efeito estufa? Principalmente de ser um efeito benéfico e que sem ele não haveria vida sobre a terra?

2. Você entendeu que as variações de clima na superfície da Terra são praticamente só devidas à inclinação do seu eixo de rotação e não às pequenas variações da distância Terra/Sol durante sua translação anual?

3. O que é inversão térmica?

4. Por que o Ultravioleta é prejudicial à vida na terra?

5. Por que as encostas no Hemisfério Sul voltadas para o Norte são mais ensolaradas?

Parte II

OS PROCESSOS QUE MOVEM A MATÉRIA E A ENERGIA NO SISTEMA SOLO-PLANTA-ATMOSFERA (SSPA)

A matéria e a energia não param de se mover no sistema solo-planta-atmosfera (SSPA). Tudo tende para um equilíbrio, mas, como a principal energia que entra no sistema é cíclica (energia solar), o equilíbrio raramente é atingido. Para entender as relações entre a matéria e a energia nos sistemas descritos na Parte I, isto é, o solo, a planta e a atmosfera, é necessário que o leitor entenda as leis físicas, químicas e biológicas responsáveis por sua transferência de um ponto a outro dentro do sistema global.

Na Parte II deste livro, abordamos os processos responsáveis pelo movimento de matéria – água, solutos, nutrientes, gases – e pela transferência de energia – radiações, em especial, o calor. Dada a semelhança desses processos dinâmicos, iniciamos com a água e fazemos uma análise físico-química um pouco mais detalhada, para depois aplicá-la a solutos, gases e calor, com menos detalhe, para evitar repetições. Esta Parte II é fundamental para a compreensão da Parte III, que inclui aplicações.

6 A água em equilíbrio

ASPECTOS TERMODINÂMICOS RELACIONADOS À ÁGUA NO SSPA

A água do solo, da planta, da atmosfera etc., esteja ela no estado líquido, sólido ou gasoso, assim como qualquer corpo da natureza, pode ser caracterizada por um estado de energia. Diferentes formas de energia podem determinar esse estado. A Termodinâmica é a parte da Física que estuda as relações energéticas que envolvem os diversos sistemas e define, como sistema, o objeto de estudo e, como meio, tudo que o cerca e que com ele mantém relações energéticas (Figura 6.1).

Em qualquer estudo termodinâmico é fundamental a definição do que será tomado como sistema e, consequentemente, do que será tomado como meio, cujos limites podem ou não ser bem definidos. No caso da água do solo, o mais comum é considerar como sistema a água líquida, incluindo ou não tudo o que nela se encontra: íons, moléculas, gases dissolvidos. Nas diferentes partes do sistema solo-planta-atmosfera (SSPA), em que se encontra a água cujo estado de energia queremos definir, não é simples estabelecer os limites do sistema água. A primeira dificuldade é determinar seus limites (tamanho), o que é arbitrário, mas exige critérios.

Como veremos neste capítulo, nossos conceitos são, na maioria das vezes, pontuais, de dimensões consideradas infinitamente pequenas. Falaremos, por exemplo, em umidade do solo em um ponto a 30 cm de profundidade. Logicamente, precisamos de um volume mínimo de solo em torno desse ponto para definir sua umidade. Se esse volume for muito pequeno, poderemos considerar apenas um poro ou um grão de areia, que de forma alguma representa o solo naquela posição. De modo arbitrário, poderíamos dizer que o volume mínimo de solo que representa um ponto no perfil é 1 cm^3. Nossas amostragens são, em geral, maiores, coletadas por cilindros de alturas de 3 a 10 cm, com diâmetros de 3 a 10 cm, resultando em volumes de 20 a 1.000 cm^3. Nosso sistema tem volume ainda menor, pois se trata da água líquida contida nos poros desse volume de solo. Seu limite é o emaranhado de interfaces água-ar e água-sólido distribuído dentro dos poros. Às vezes, incluímos no sistema o vapor de água do ar do solo, que, em geral, está em equilíbrio com a fase líquida. O meio é a parte sólida ou a matriz do solo e os outros gases do ar do solo, com o qual a água (sistema) mantém relações energéticas.

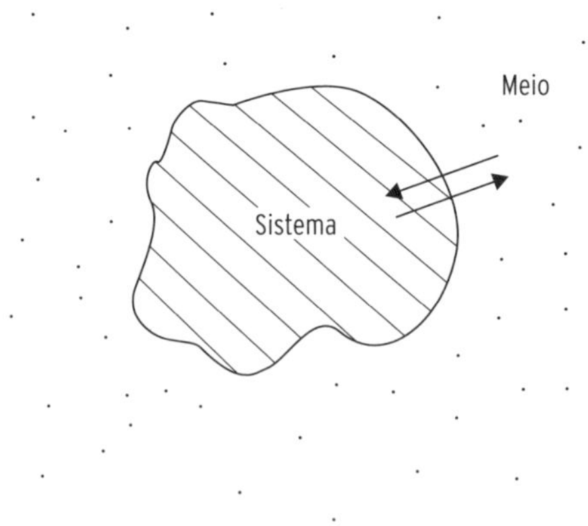

Figura 6.1: Esquema de sistema e meio utilizados para definir estado de energia em Termodinâmica.

Para o ponto A (Figura 6.3), que se encontra no seio da água de uma barragem, o sistema poderia ser definido por 1 cm^3 de água em torno do próprio ponto. Seu limite é hipotético, e o meio seria o restante da água da barragem, que atua sobre o sistema, por exemplo, pela pressão hidrostática de uma coluna de água de altura h_A.

Na atmosfera, em dado ponto, o sistema poderia ser o vapor de água contido em 1 L de ar em torno do ponto. Na planta, fala-se em água da folha, do xilema, do floema, da semente; para cada caso, é preciso definir o sistema. Dentro de uma folha, por exemplo, poderia ser a água do vacúolo de uma célula ou a água de uma porção de tecido vegetal, como o parênquima lacunoso (ver corte de folha na Figura 4.6, Capítulo 4).

As relações energéticas podem ser separadas em mecânicas, que aparecem por ação de forças, e em térmicas, em virtude de diferenças de temperatura. As forças dão origem aos trabalhos mecânicos e dão movimento à água. Como o movimento de água nas diferentes partes do SSPA é muito lento, sua energia cinética – proporcional ao quadrado da velocidade (v) – é, na maioria dos casos, desprezível. Não é o caso de água corrente em canais ou tubulações, onde a energia cinética é de grande importância. Por outro lado, a energia potencial, função da posição e condição interna da água no ponto considerado, é de primordial importância na caracterização de seu estado de energia.

Para os diferentes sistemas da água mencionados, podemos definir melhor os tipos de energia que atuam nas relações sistema-meio. No caso do vapor de água, são de importância o calor (energia térmica) e o trabalho de pressão. No caso da água líquida, o trabalho gravitacional pode assumir grande relevância. Todas as interações entre a água e a matriz sólida do solo – que envolvem forças capilares, de adsorção, elétricas e outras – são, por conveniência e simplicidade, denominadas forças matriciais, que levam a um trabalho matricial. A presença de solutos na água implica trabalho químico. Como consequência dessas relações sistema-meio, a água assume um estado de energia que recebe o nome particular de potencial total da água. Diferenças desse potencial da água entre pontos distintos no sistema dão origem a seu movimento.

A tendência espontânea e universal de toda matéria na natureza é assumir um estado de energia mínima, buscando o equilíbrio com o meio ambiente. A água obedece a essa tendência universal e se move constantemente no sentido de diminuição de seu potencial total. A taxa de decréscimo de potencial ao longo de uma direção é uma medida da força responsável pelo movimento. Assim, o conhecimento de seu estado de energia em cada ponto no sistema pode permitir o cálculo das forças que atuam sobre a água e determinar quão afastada ela se acha do estado de equilíbrio.

O conceito de potencial total da água é, por isso, de fundamental importância. Para o caso do solo, ele elimina as categorias arbitrárias nas quais a água do solo foi classicamente subdividida: água gravitacional, água capilar e água higroscópica. Na verdade, toda água do solo é afetada pelo campo gravitacional terrestre, de tal forma que toda ela é "gravitacional". Além disso, as leis da capilaridade não explicam, por completo, o fenômeno da retenção da água do solo. Por último, deve-se frisar que a água é a mesma em qualquer posição e tempo dentro do solo. Ela não difere na "forma", mas, sim, no estado de energia.

Vamos iniciar nosso estudo da energia da água pelo caso mais simples, que é o do vapor de água na atmosfera. Esse vapor se encontra em equilíbrio suspenso no ar e, por isso, seu potencial total é função apenas de sua pressão de vapor mostrada no Capítulo 5. O potencial da água é usualmente definido em unidades de pressão ou de coluna de água (carga hidráulica). A seguinte relação é útil na transformação dessas unidades, em que Pascal (Pa) é a unidade oficial e internacional para potencial da água (por comodidade, as demais unidades também são utilizadas com frequência).

$$1 \text{ atm} = 1.033 \text{ cm de água} = 10{,}33 \text{ m de água} = 101.325 \text{ Pa}$$

Como veremos a seguir, os potenciais da água são quantificados em relação a um estado-padrão, tomado como o da água líquida a uma dada temperatura, situada a uma altura tomada como referência. No caso de potenciais devidos à pressão, ela pode ser positiva ou negativa em relação ao estado-padrão. As pressões negativas também são chamadas de tensões ou sucções, por isso, fala-se em tensão ou sucção da água. No caso do vapor de água na atmosfera, suas pressões são sempre negativas, muito negativas. O potencial da água na atmosfera para diferentes umidades relativas, todas a 27 °C, pode ser facilmente calculado, e alguns valores são apresentados na Tabela 6.1.

Nota-se, portanto, que o potencial da água na atmosfera é, em geral, muito negativo, menor do que na planta e no solo, como veremos a seguir. O ar saturado, UR = 100%, tem potencial $\Psi = 0$, que é o valor do estado-padrão, porque o ar em contato e em equilíbrio com a água líquida fica saturado. Com pequenas reduções de UR, porém, seu valor torna-se extremamente negativo, sendo -13,7 atm para UR = 99% e -947 atm para UR = 50%. Veremos que essa condição faz com que a água se mova espontaneamente do solo para a planta e da planta para a atmosfera.

Tabela 6.1: Potencial da água no estado de vapor como uma função da umidade relativa (UR) do ar.

UR		$\Psi_{ATMOSFERA}$	
%	**atm**	**MPa**	**m**
20	-2.200	-220	-22.000
50	-947	-95	-9.470
80	-305	-30,5	-3.050
90	-144	-14,4	-1.440
95	-70	-7,0	-700
99	-13,7	-1,4	-137
99,9	-1,4	-0,14	-14
100	0	0	0

Passemos, agora, para o caso mais complicado de nosso sistema, que é a água no solo representada por sua umidade θ dada em cm^3 de água por cm^3 de solo. A energia de um corpo é, em geral, medida pelo trabalho necessário para levá-lo àquela posição à partir de um estado-padrão. No caso da água no solo, vários tipos de trabalho entram em jogo: trabalho gravitacional, trabalho de pressão, trabalho capilar, trabalho de adsorção, trabalho químico etc.

À soma desses trabalhos chamamos de potencial total da água (Ψ_i) em um estado i, determinado pela diferença entre um estado tomado como padrão e o referido estado i do sistema. Para que seja reprodutível, toma-se como estado-padrão da água aquele no qual o sistema água se acha em condições normais de temperatura e de pressão, livre de sais minerais e de outros solutos (água pura), com interface líquido-gás plana, situado em dado referencial de posição. A esse estado é atribuído o valor arbitrário $\Psi_o = 0$ (ver Figura 6.2). As unidades de energia utilizadas são as mesmas indicadas para o caso da energia do vapor de água.

A ENERGIA DA ÁGUA EXPRESSA PELO POTENCIAL TOTAL DA ÁGUA NO SOLO

Com as considerações termodinâmicas vistas anteriormente, o potencial total da água no solo (Ψ) pode ser reescrito da seguinte forma:

$$\Psi = \Psi_p + \Psi_g + \Psi_{os} + \Psi_m$$

Essa soma representa os componentes de Ψ.

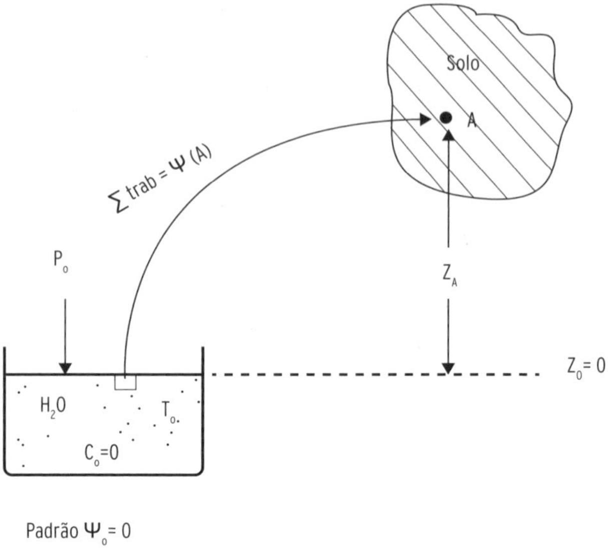

Figura 6.2: Definição de potencial da água no solo, mostrando o transporte de um elemento de volume de água do estado-padrão para um ponto A no solo.

Componente de pressão (Ψ_P)

Componente de pressão, correspondente a trabalhos de pressões positivas que aparecem toda vez que a pressão que atua sobre a água no solo é diferente e maior que a pressão P_o (atmosférica) que atua sobre a água no estado-padrão. Por exemplo: a água no fundo de uma barragem está sujeita a uma pressão equivalente à coluna de água acima dela. Em solo saturado, também há uma carga de água atuando sobre o ponto considerado. Essa pressão positiva é a componente de pressão.

Seja, por exemplo, a barragem indicada na Figura 6.3. Se o ponto A estiver a 5 m de profundidade, ele está submetido a essa carga hidráulica positiva de uma coluna de água de 5 m de altura, portanto Ψ_P (A) = 5 m de H_2O ou 0,5 atm. Como o ponto B da Figura 6.3 está na superfície do solo, submetido à pressão atmosférica P_o, seu potencial de pressão é nulo, ou Ψ_P (B) = 0, e Ψ_p (D) = 0. O ponto C encontra-se no solo saturado a 8 m da superfície da represa. Como a pressão hidrostática da água se transmite através dos poros do solo (considerado material poroso rígido), a pressão em C será Ψ_P (C) = 8 m = 0,8 atm.

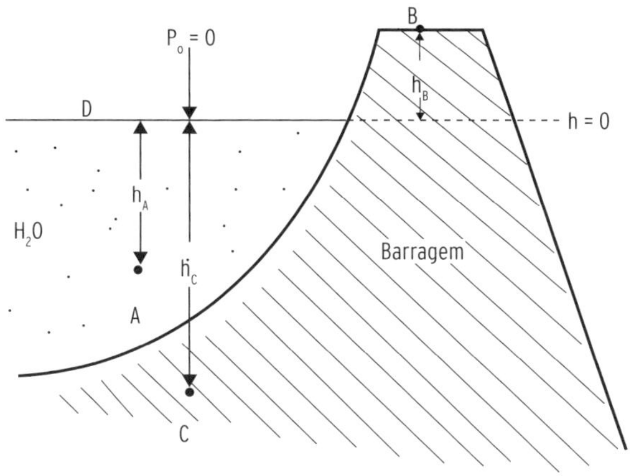

Figura 6.3: Esquema de barragem exemplificando os potenciais de pressão.

Como já dissemos, o potencial de pressão só é considerado para pressões positivas, isto é, para pressões superiores à pressão atmosférica. Para pressões negativas (tensões, sucções), isto é, subatmosféricas, considera-se a componente matricial (Ψ_m) que será vista adiante. Por isso, a componente de pressão é de importância somente para solos saturados e corpos de água. Assim, por exemplo, em um arrozal inundado, como o esquematizado na Figura 6.4, o potencial de pressão não pode ser desprezado. Os valores de Ψ_p nos pontos indicados, dados em termos de carga hidráulica, são: Ψ_p (A) = 10 cmH_2O; Ψ_p (B) = 30 cmH_2O e Ψ_p (C) = 50 cmH_2O.

Componente gravitacional (Ψ_g)

A componente gravitacional está sempre presente em virtude da constante presença do campo gravitacional. Ela é a própria energia potencial do campo gravitacional, que, em termos de carga hidráulica, é igual às alturas dos pontos considerados em relação a um plano de referência.

No exemplo da barragem (Figura 6.3), considerando a altura z = 0 na superfície livre da água, temos Ψ_g (A) = -5 m ou -0,5 atm; Ψ_g (B) = +2 m ou +2 atm; Ψ_g (C) = -8 m ou -0,8 atm; e Ψ_g (D) = 0.

Nota-se que, utilizando a unidade carga hidráulica, Ψ_g fica igual a profundidade ou altura, isto é, a própria coordenada vertical z. Por causa disso, Ψ_g é indicado, na maioria dos trabalhos científicos, simplesmente por z.

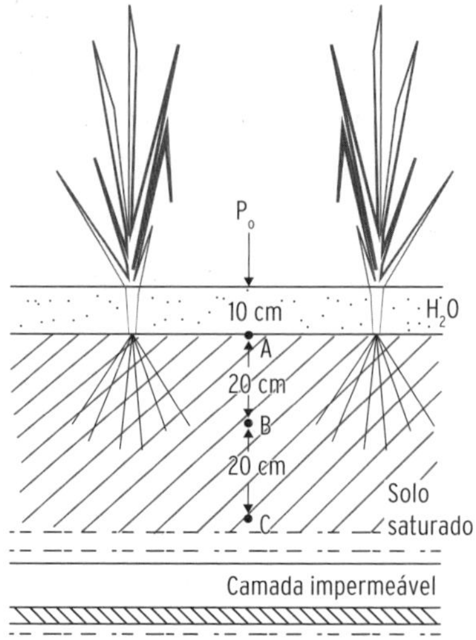

Figura 6.4: Esquema de arrozal inundado exemplificando os potenciais de pressão.

Para a maioria das pessoas, a atuação da componente gravitacional é de difícil compreensão. Uma experiência simples, esquematizada na Figura 6.5, demonstra muito bem a importância do potencial gravitacional. Tome uma esponja, coloque-a em uma bandeja e sature-a com água (estado 1) espremendo-a debaixo da água e, depois, soltando-a.

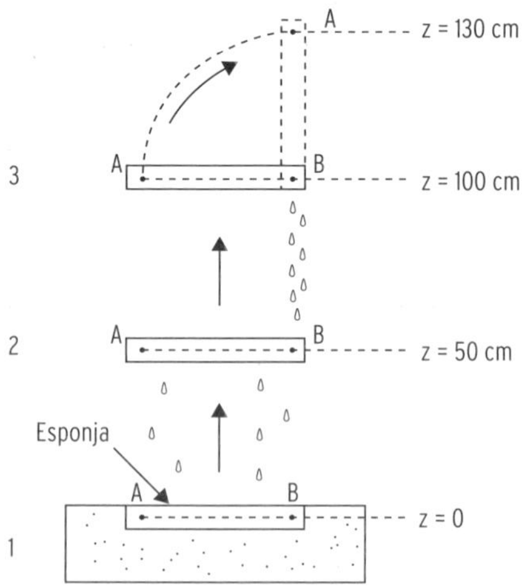

Figura 6.5: Exemplo demonstrativo de Ψ_g em que uma esponja saturada é elevada na horizontal e, depois, sofre inclinação de 90°.

No estado 1, z = 0 (referência arbitrária), e os valores do potencial gravitacional nos pontos A e B são nulos e há equilíbrio gravitacional, pois a diferença gravitacional entre A e B é nula. Ao elevar a esponja, com cuidado, sem comprimi-la, até z = 50 cm, ela perde toda água livre, até praticamente parar de pingar (15 a 30 segundos). Nesse estado 2, ela retém, ainda, muita água por ação do potencial matricial, que veremos a seguir. Nessas condições, como as alturas são as mesmas, Ψ_g (A) = Ψ_g (B) = 50 cmH_2O, ainda há equilíbrio gravitacional. Ao elevar a esponja, mais uma vez, horizontal e cuidadosamente, até z = 100 cm (estado 3), é possível observar que ela não perde mais água. O equilíbrio gravitacional mantém-se, com Ψ_g (A) = Ψ_g (B) = 100 cmH_2O e a variação $\Delta\Psi_g$ = 0 entre A e B. Percebe-se que a passagem do estado 2 para o estado 3 não implica perda de água. O potencial gravitacional aumenta de 50 para 100 cmH_2O, o que significa que a água no estado 3 tem mais energia gravitacional do que no estado 2. Como o nível de referência é arbitrário, poderíamos fazer z = 0 no estado 3. Nessas condições, Ψ_g = -50 cmH_2O no estado 2 e Ψ_g = -100 cmH_2O no estado 1. O importante é que, em cada estado, $\Delta\Psi_g$ = 0 entre A e B e há equilíbrio gravitacional. Se, porém, a esponja passa do estado 3 para o estado 4, por rotação, mantendo o ponto B fixo (sem comprimir a esponja!), nota-se uma perda de grande quantidade de água, só por ação do potencial gravitacional. No estado 4, Ψ_g (A) = 130 cmH_2O e Ψ_g (B) = 100 cmH_2O e, como resultado, $\Delta\Psi_g$ = 30 cmH_2O entre A e B. Essa diferença de potencial gravitacional provoca a saída da água.

Essa demonstração evidencia bem a atuação do potencial gravitacional. Como o campo gravitacional está sempre presente, o potencial gravitacional sempre existe, pois ele é um componente do potencial total. Sua importância com relação ao potencial total depende da magnitude de todas as componentes. Em termos gerais, podemos dizer que, em solos saturados ou naqueles próximos à saturação, a componente gravitacional é a de maior importância quantitativa e tem um peso significativo no potencial total. Quando um solo perde água gradualmente por drenagem, a componente matricial passa a ter maior importância que a gravitacional. Porém, é oportuno frisar, mais uma vez, que a componente gravitacional está sempre presente.

Componente osmótica (Ψ_{os})

Componente osmótica, que aparece pelo fato de a água no solo ser uma solução de sais minerais e outros solutos e a água no estado-padrão ser pura. Assim, porque a água do solo é uma solução de sais minerais e substâncias orgânicas, ela possui uma componente osmótica de potencial, que contribui para seu potencial total Ψ.

No solo, esse potencial é de difícil determinação; existem, porém, instrumentos especiais para sua medida. Tal potencial é sempre negativo em relação à água pura. Em condições normais no solo, a concentração (C) da solução é, praticamente, constante; não há movimento de água em virtude da presença de solutos. Em condições especiais, como é o caso de adubações localizadas, há movimento de água em direção ao fertilizante. A inexistência de membranas semipermeáveis e a pequena variação da concentração da solução do solo levam, na maioria dos casos, à desconsideração do potencial osmótico (Ψ_{os}). Na planta, como veremos a seguir, Ψ_{os} exerce papel importante.

Componente matricial (Ψ_m)

Componente matricial, que é a soma de todos os trabalhos referentes a pressões negativas, ou sucções, ou ainda tensões, que aparecem por causa da interação entre a parte sólida do solo (também chamada de matriz do solo, e daí o nome componente matricial) e a água, como trabalho capilar, trabalho contra forças de adsorção e elétricas etc. Esses fenômenos levam a água a pressões menores que P_o, que atua sobre a água no estado-padrão, e, por isso, a componente matricial é negativa.

De maneira geral, pode-se dizer que o potencial matricial é, sobretudo, resultado do efeito combinado de dois mecanismos – capilaridade e adsorção –, que não podem ser facilmente separados. A água em meniscos capilares está em equilíbrio com a água de "filmes" de adsorção, e a modificação do estado de um deles implica a modificação do outro. Dessa forma, o termo mais antigo *potencial capilar* é inadequado e um termo mais atual é *potencial matricial* ou *potencial mátrico*, pois se refere ao efeito total resultante das interações entre a água e a matriz sólida do solo.

Para cada amostra de solo homogêneo, Ψ_m tem um valor característico para cada teor (θ) de água. O gráfico de Ψ_m em função de θ é, então, uma característica da amostra e é comumente denominado curva característica da água no solo, ou, simplesmente, curva de retenção. Para altos teores de água, nos quais fenômenos capilares são de importância na determinação de Ψ_m, a curva característica depende da geometria da amostra, isto é, do arranjo e das dimensões dos poros. Ela passa, então, a ser uma função da densidade e da porosidade do solo. Para baixos teores de água, o potencial matricial praticamente independe de fatores geométricos, e a densidade e a porosidade do solo são de pouca importância em sua determinação. Na Figura 6.6 são esquematizadas curvas de retenção para diferentes amostras.

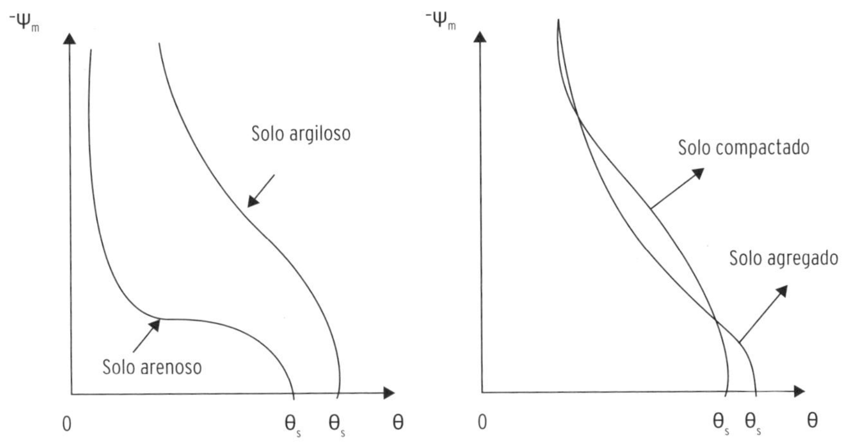

Figura 6.6: Curvas de retenção de água por solos de diferentes tipos e condições.

Com a curva de retenção de água de um solo é possível estimar, conhecendo-se θ, Ψ_m, ou vice-versa. Na prática, a determinação de θ é bem mais simples, de tal forma que θ é medido e Ψ_m é estimado pela curva de retenção. Desde que a geometria do sistema não varie com o tempo, a curva característica é única e não precisa ser determinada em cada experimento. Existem modelos matemáticos para calcular Ψ_m conhecendo-se θ. O mais comum desses modelos é denominado Modelo de van Genuchten.

A relação entre o potencial matricial (Ψ_m) e a umidade do solo (θ), em geral, não é unívoca. Essa relação pode ser obtida de duas maneiras distintas:

- Por secamento – tomando uma amostra de solo inicialmente saturada de água e aplicando, gradualmente, sucções maiores, fazendo medidas sucessivas da sucção, que é o próprio Ψ_m, em energia por volume, em função de θ.
- Por molhamento – tomando uma amostra de solo inicialmente seca ao ar e permitindo seu molhamento gradual por redução da sucção.

Cada método fornece uma curva contínua, mas as duas, na maioria dos casos, são distintas. O fenômeno é denominado histerese.

Outro aspecto importante das curvas de retenção de água no solo está relacionado aos conceitos de porosidade total (α), macroporosidade (Ma) e microporosidade (Mi). Quando um solo está saturado, θ = Pt e $\Psi_m = 0$. A distribuição de poros em termos de tamanho é contínua e, por isso, é difícil encontrar o limite entre Ma e Mi, o que foi feito arbitrariamente com base na curva de retenção. A água em potenciais próximos à saturação encontra-se fracamente retida e, por isso, está mais sujeita à ação do potencial gravitacional; em perfis muito molhados, ela drena para as camadas mais profundas. Já a água a potenciais mais negativos (por exemplo, -1/10 ou -1/3 atm, considerados como capacidade de campo, e -15 atm, como o ponto de murcha permanente), encontra-se mais retida à matriz do solo. Dessa forma, o limite entre Ma e Mi mais empregado é Ψ_m = -60 cmH_2O ou -0,06 atm. Toma-se esse ponto na curva de retenção, e a água com Ψ_m entre 0 e -60 cm é considerada como água de macroporos. A água retida a potenciais menores que -60 cm é considerada como água de microporos.

Além da Ma e Mi, a curva de retenção também é empregada para definir a capacidade de campo (CC) através da umidade (θ_{cc}). Essa umidade corresponde ao potencial matricial de -1/3 atm (-330 cmH_2O) ou, às vezes, -1/10 atm (-100 cmH_2O), dependendo do tipo de solo. A curva de retenção também é usada para definir o ponto de murchamento (ou murcha) permanente (PMP), através da unidade (θ_{PMP}), correspondente ao potencial de -15 atm (-150 m de H_2O).

O POTENCIAL DA ÁGUA NA PLANTA

Da mesma forma que acontece no solo, a água na planta também apresenta valores de energia ou de potencial negativos. A contribuição das componentes no potencial total depende ainda da parte da planta considerada. A Ψ_g é, em geral, desconsiderada, porque o nível de referência é arbitrário e pode sempre ser levado ao mesmo nível do objeto em estudo. Além disso, precisa haver uma continuidade no sistema água, para que esse potencial atue. A água de um copo pode ser elevada a qualquer altura, com potenciais gravitacionais crescentes, mas, em cada altura, ela permanece em equilíbrio. Para a água de um vacúolo celular, por exemplo, são apenas de importância as componentes osmótica e de pressão: $\Psi = \Psi_p + \Psi_{os}$, e a componente de pressão aparece em virtude da pressão positiva que as paredes celulares exercem sobre o suco celular quando a célula está túrgida. Essa componente é também denominada potencial de parede ou potencial de turgor. A Ψ_{os} é aqui de grande importância, pois as membranas celulares são semipermeáveis, deixam passar a água e são seletivas para os diversos íons. Na verdade, uma componente é consequência da outra. A célula funciona como o osmômetro, pois, no vacúolo da célula, há uma maior concentração salina em relação à concentração salina fora da célula. Por isso, a tendência da água é entrar na célula, o que implica aumento de seu volume. Como as paredes celulares são elásticas só até certo ponto, a pressão dentro da célula aumenta, fica positiva em relação à água pura, e a célula fica túrgida. Esse turgor celular é responsável pela condição ereta das folhas, quando não existe restrição de água por parte do solo, e pelo crescimento das plantas em termos de alongamento.

Valores típicos de Ψ_p (turgor) em células são +2 a +5 atm (20 a 50 m de H_2O); Ψ_{os}, de -2 a -10 atm (-20 a -100 m H_2O).

Para o caso da água retida pelas paredes celulares, Ψ_m pode ser de importância. Da mesma forma como a água é retida pelos poros do solo, pode ser retida pelos poros dos tecidos fibrosos das paredes celulares, o que também acontece com aglomerados de amido e outras substâncias de reserva em sementes. Nesses casos: $\Psi = \Psi_m + \Psi_{os}$.

Ψ_m e Ψ_{os} podem ser muito negativos, dezenas de atm. Por isso é que as sementes se embebem em água com grande facilidade, muitas vezes dobrando seu volume. A literatura sobre potencial da água na planta é extensa.

Assunto polêmico é a ascensão da água em árvores muito mais altas do que 10 m. Aqui a gravidade passa a ser importante. Como o potencial da água nos tecidos vegetais é negativo, a água sobe à planta, contra a gravidade, por sucção. Em tubulações não capilares, sabe-se que, ao succionar a água até tensões próximas a -1 atm (ou -10 m H_2O), a coluna de água se rompe, pela formação de bolhas de ar dissolvido liberado e por liberação de vapor. Esse fenômeno ocorre nos tensiômetros, instrumentos usados para medir Ψ_m em solos, que serão vistos adiante.

Se quisermos tirar água de um poço por sucção, ele não pode ter profundidade maior que 10 m, ao nível do mar, onde P_{atm} = 1 atm (ou 10 m). A bomba eleva água por sucção; como ela não pode ser maior que P_{atm}, ela não opera para profundidades maiores que 10 m. O que acontece, na verdade, é que, ao fazer uma sucção, a P_{atm} que atua no fundo do poço empurra a água para cima. Em escala menor, ao sugarmos refrigerante de um copo com canudo, a P_{atm} que atua sobre a superfície do líquido empurra-o para cima. Nas plantas é diferente pelo fato de as "tubulações" serem capilares (xilema).

Em plantas em estado de baixa taxa de transpiração – o que ocorre com baixa demanda atmosférica, ou à noite com estômatos fechados, ou pela perda de folhas por queda ou poda –, a seiva bruta do xilema fica sob pressões positivas em relação à atmosfera. A gutação e exudação de seiva por partes feridas comprova esse fato. A teoria mais aceita para essa ascensão forçada da água assume que as raízes funcionam como um osmômetro quando a transpiração é baixa. Em condições de maior demanda atmosférica, a transpiração é mais intensa, e o xilema tem uma estrutura de baixa resistência ao transporte da seiva, que se dá em virtude dos valores muito baixos do potencial total da água na folha. A ascensão da seiva a alturas superiores a 10 m é mais bem explicada pela teoria da adesão-coesão, baseada em uma montagem que mostra que uma coluna de água sob tensão (pressão negativa) causada por uma cápsula porosa adaptada em sua extremidade superior (simulando uma folha) pode ser mantida para tensões bem mais negativas que -1 atm, sem se romper. A teoria da adesão-coesão assume que a água no xilema forma uma fase líquida contínua, desde a raiz até a folha.

O POTENCIAL TOTAL DA ÁGUA NO SSPA

Voltando ao estudo do potencial total da água no SSPA como um todo, a importância de cada um dos componentes varia em cada caso.

No solo

- Solo saturado, imerso em água:

$$\Psi = \Psi_p + \Psi_g$$

Nesse caso, Ψ_g é importantíssimo, e Ψ_p depende do valor da carga hidráulica que atua sobre o solo; $\Psi_m = 0$, pois não há interfaces água/ar, e Ψ_{os} não é considerado por não haver membrana semipermeável (desde que não haja planta).

- Solo não saturado:

$$\Psi = \Psi_m + \Psi_g$$

Nesse caso, Ψ_g é de grande importância na faixa mais úmida, isto é, próximo à saturação. Ele vai perdendo importância (apesar de seu valor constante) com o decréscimo de umidade. Isso porque Ψ_m, nulo na saturação, vai ganhando importância à medida que o solo perde água. Para um solo bem seco, $\Psi = \Psi_m$, e Ψ_g pode ser desprezado completamente. Como não há água livre no sistema, $\Psi_p = 0$, e Ψ_{os} não é considerado porque não há membrana semipermeável.

Na planta

- Em células de tecido tenro (por exemplo, folha):

$$\Psi = \Psi_p + \Psi_{os}$$

Ψ_p é o turgor vegetal (pressão positiva), Ψ_{os} o potencial osmótico devido à presença de solutos e de membranas semipermeáveis. $\Psi_m = 0$, e Ψ_g não é considerado, o que significa que o nível de referência gravitacional é levado ao nível da célula.

- Tecido vegetal fibroso, lenhoso ou aglomerado (por exemplo, madeira, fibras do lenho, sementes):

$$\Psi = \Psi_m + \Psi_{os}$$

Nesse caso, Ψ_m é o potencial negativo resultante das interações entre a água e o material poroso vegetal. Sementes e outros tecidos lenhosos em caules, raízes e frutas podem apresentar valores bem negativos de Ψ_m. Como Ψ_{os} também é negativo, o valor final de Ψ fica bem negativo. Por isso, sementes são ávidas por água e a absorvem com rapidez, muitas vezes dobrando seu volume. Ψ_g é desprezado por ser relativamente pequeno ou porque o referencial é levado até o nível do sistema.

Na atmosfera

$$\Psi = \Psi_p$$

Nesse caso, Ψ_m e Ψ_{os} não são considerados por se tratar de vapor de água "dissolvido" em ar. É importante lembrar que, nesse caso, e só nesse, Ψ_p é negativo, muito negativo, como mostrado na Tabela 6.1. Ψ_g também é desprezado ou é tomado como nulo, levando o referencial gravitacional do estado-padrão até o mesmo nível do estado em consideração.

Passagem da água do solo para a planta

- Solo inundado (por exemplo, arroz inundado):

$$\Psi = \Psi_g + \Psi_p + \Psi_{os}$$

A componente Ψ_{os} aparece por causa das membranas semipermeáveis da planta.

- Solo aerado (por exemplo, arroz de sequeiro):

$$\Psi = \Psi_g + \Psi_m + \Psi_{os}$$

Ψ_{os} não pode ser desprezado, pois há membranas semipermeáveis.

Assim, percebe-se que, a cada situação, Ψ é constituído por diferentes componentes, de acordo com sua importância.

QUANDO A ÁGUA ESTÁ EM EQUILÍBRIO?

Uma vez discutida a caracterização da energia da água em qualquer ponto do SSPA, veremos em que condições ela se encontra em equilíbrio (em termos simples, parada) e em quais ela se move, e mais, em que direção e com que intensidade. Como já foi dito na introdução deste capítulo, a água obedece à tendência universal de buscar, constantemente, um estado de energia mínima. O potencial total da água representa seu estado de energia e é, portanto, um critério para conhecer seu estado de equilíbrio. É possível, então, dizer que a água encontra-se em equilíbrio quando seu potencial total é o mesmo em todos os pontos de um sistema.

Vejamos alguns exemplos, partindo do mais simples. Seja o caso da água em um copo, como indicado na Figura 6.7. Intuitivamente, percebe-se tratar de um sistema em equilíbrio e, assim, Ψ deve ser o mesmo em qualquer ponto do copo. Escolhe-se, arbitrariamente, os pontos A, B e C para demonstrar que Ψ não varia nesses pontos. Por se tratar de água pura, as componentes Ψ_{os} e Ψ_m são nulas e apenas Ψ_p e Ψ_g entram em jogo. À medida que se aprofunda na água, de A para B e de B para C, apenas Ψ_p aumenta; concomitantemente, Ψ_g diminui proporcionalmente, e sua soma, que é Ψ, permanece constante, característico do equilíbrio.

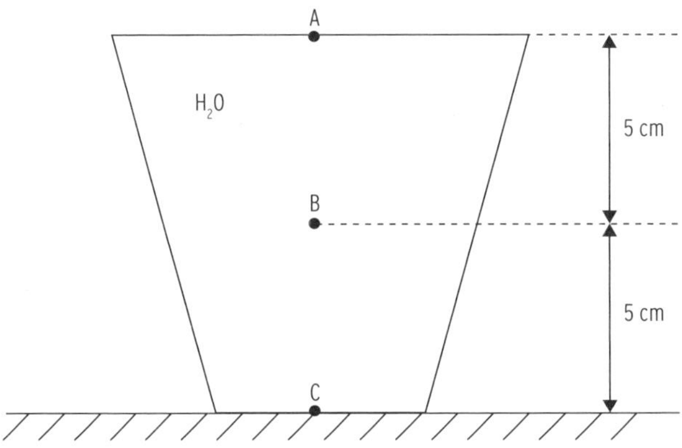

Figura 6.7: Água em equilíbrio em um copo no qual o potencial total da água permanece constante nos pontos A, B, C e em qualquer outro ponto.

Considera-se, agora, um tecido vegetal com células, nas quais se determinou $\Psi_p = +5$ atm (turgor celular) e $\Psi_{os} = -7$ atm (por causa da concentração salina do vacúolo da célula). Nesse caso:

$$\Psi_{célula} = \Psi_p + \Psi_{os} = 5 - 7 = -2 \text{ atm}$$

Se esse tecido fosse jogado no copo de água do exemplo anterior, o que aconteceria? O potencial da água no copo pode ser considerado 0 (estado-padrão). Como esse potencial é maior que o das células (0 > -2), a água penetrará nelas, buscando um potencial menor. Como as células possuem membranas semipermeáveis, a água entra, e os sais não saem, gerando, como consequência, aumento de turgor e diminuição da concentração salina. Depois de certo tempo, há o equilíbrio entre a célula e a água no copo:

$$\Psi_{\text{célula}} = \Psi_{\text{água no copo}} = 0$$

Nessa nova condição, o turgor aumentou para +6 atm, e a diluição dentro da célula levou a Ψ_{os} = -6 atm; portanto, Ψ = +6 - 6 = 0.

Outro exemplo (Figura 6.8) considera uma coluna de solo com a base perfurada, que permite o contato com a água na qual o potencial osmótico é desprezível. O potencial matricial no solo (que foi medido) varia segundo a curva indicada. A velocidade de evaporação na sua superfície é constante.

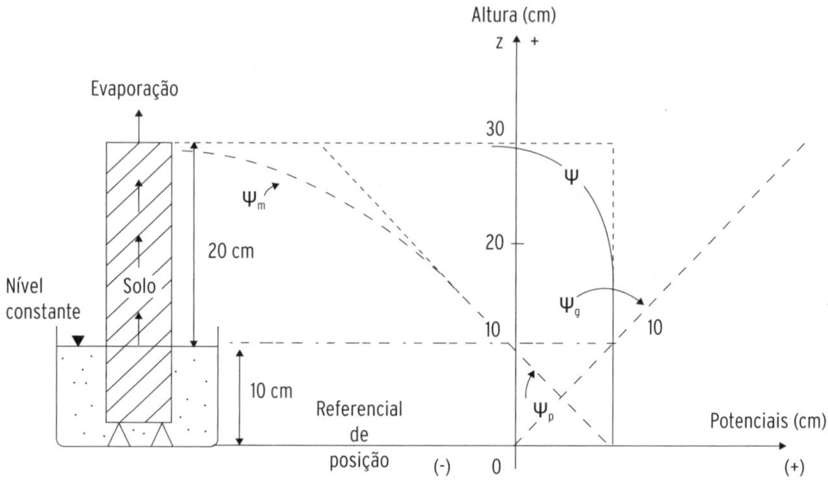

Figura 6.8: Coluna de solo com fluxo de água ascendente.

A curva de Ψ_m é obtida experimentalmente por meio de cápsulas porosas (minitensiômetros) instaladas em profundidade ao longo da coluna de solo. A reta Ψ_g é obtida medindo-se diretamente o potencial gravitacional com uma régua, a partir de um referencial arbitrário indicado na Figura 6.8, e a curva Ψ é obtida pela soma de Ψ_g e Ψ_m em cada ponto. Como veremos, Ψ é variável ao longo de z. Como Ψ é variável, pode-se afirmar que não se trata de um sistema em equilíbrio. Há, portanto, fluxo de água dentro da coluna, pelo menos em sua parte aérea, isto é, para valores de z variando de 10 a 30 cm. Na parte imersa, Ψ é constante e não há fluxo. O exemplo da Figura 6.8 é um caso particular, muito interessante, no qual Ψ varia no espaço (altura) e, por isso, há fluxo de água, mas Ψ não varia no tempo. Se o nível de água na vasilha for mantido e as condições de evaporação se mantiverem constantes, os gráficos de potencial Ψ_m, Ψ_g e Ψ não se modificam no tempo. Como já dissemos, situações como essa são denominadas equilíbrio dinâmico. Se, para manter o nível de água constante na vasilha, são necessários 5 mm.dia^{-1}, esse será o valor da taxa de evaporação. Essa construção de laboratório, representada pela Figura 6.8, simula uma situação de campo com o lençol freático situado a 20 cm abaixo da superfície de um solo nu.

A Figura 6.9 ilustra a questão para outros casos por meio de gráficos Ψ *versus* z. O caso (a) é típico de equilíbrio, com Ψ constante ao longo de z; em (b), Ψ diminui de baixo para cima, o que indica fluxo ascendente, em que a água sobe buscando estados menores de energia; o caso (c) é o inverso de (b), indicando perfil em drenagem; em (d), que é misto de (b) e (c), a parte superior perde água por cima e a inferior por drenagem; o caso E é o inverso de (d); e o caso (f) tem fluxos em três direções.

Na Figura 6.10, esse movimento é mostrado para um caso genérico de uma planta em boas condições, para um ponto genérico A no solo (onde os potenciais são da ordem de -0,3 atm); para outro ponto B, na raiz (-3 atm); para outro, C, na folha (-10 atm); e, finalmente, para D, na atmosfera (-100 atm).

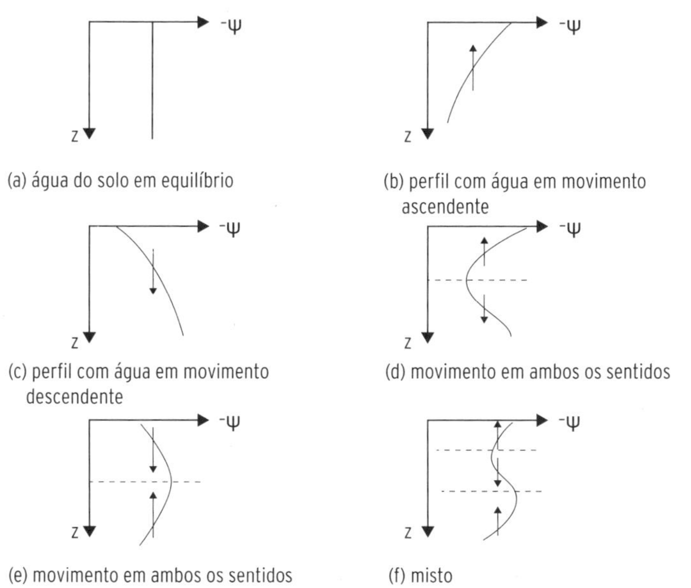

Figura 6.9: Distribuição do potencial total da água no solo em várias situações: (a) equilíbrio; (b) movimento ascendente; (c) descendente; (d) e (e) em dois sentidos; e (f) em três sentidos.

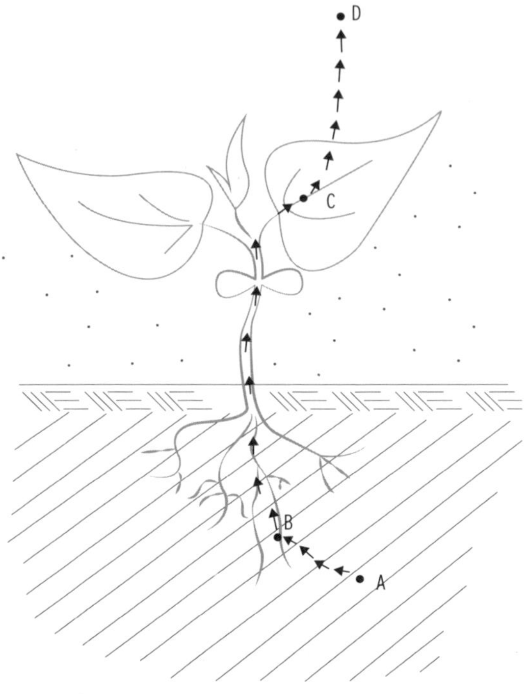

Figura 6.10: Esquema do movimento de água no SSPA, em condições ótimas de desenvolvimento. A água segue do solo (A) para a raíz (B), desta para a folha (C) e, finalmente, para a atmosfera (D), sempre procurando estados de menor potencial total.

EXERCÍCIOS

1. Por que a energia da água no solo é negativa?
2. Qual a importância do potencial gravitacional no equilíbrio e no movimento da água?
3. Por que o potencial osmótico da água é, na maioria dos casos, desprezado?
4. Qual a importância da relação de van Genuchten?
5. Por que com uma bomba comum não se consegue retirar água de um poço de mais de 10 m de profundidade, a não ser descendo com a bomba até um nível menor que 10 m a partir da superfície de água?
6. Por que a tendência natural da água é passar do solo para a planta e desta para a atmosfera?

7 Alguns instrumentos utilizados em medidas da água no solo

INTRODUÇÃO

Há uma série de instrumentos empregados na determinação da condição hídrica do solo. No caso do potencial da água no solo, eles nos fornecem um ou mais componentes, dependendo do tipo de instrumento utilizado.

Como já vimos, o potencial gravitacional é medido diretamente com o auxílio de uma régua, já que ele depende apenas da posição relativa da água no campo gravitacional terrestre (ver Capítulo 6).

Os potenciais de pressão e matricial aparecem apenas quando o solo está sujeito a uma carga hidráulica ou a uma sucção, também proporcionais à altura de uma coluna de fluido.

O potencial osmótico pode ser estimado pela concentração de solutos da solução do solo. Sérias dificuldades são encontradas na determinação da concentração salina da água do solo. Do ponto de vista macroscópico, ela pode ser considerada constante, mas, microscopicamente, varia muito por causa dos fenômenos de adsorção. No Capítulo 9, que trata da solução do solo, o assunto será abordado em detalhe.

Na prática, como a concentração salina da água do solo, em geral, varia pouco de ponto para ponto, o potencial osmótico é desprezado. Assim, na maioria dos problemas de Física de solos, o potencial total é considerado apenas a soma do potencial gravitacional com o matricial, isso sob condições isotérmicas e isobáricas. Daí a importância da medida do potencial matricial da água do solo.

FUNIL DE PLACA POROSA

O funil de placa porosa é o mais simples dos instrumentos para a medida do potencial matricial do solo. Ele é instrumento de laboratório utilizado para medidas de solo bastante úmido. Está esquematizado na Figura 7.1 e consta de uma placa porosa adaptada a um funil. A placa porosa encontra-se saturada. Ela é constituída de poros de dimensões tão pequenas que a sucção h a ela aplicada não é suficiente para retirar a água de seus poros. Essas placas e outros materiais cerâmicos porosos são fabricados com diferentes granulometrias. As placas porosas se comportam como um solo artificial de porosidade bem homogênea. Assim, encontram-se placas e cápsulas cerâmicas de 0,5; 1; 3; 5; 15 atm, o que significa que esses materiais permanecem saturados até as sucções (ou pressões) indicadas. Para baixas sucções, de 50 a 500 cmH_2O (0,05 a 0,5 atm), geralmente são utilizados funis.

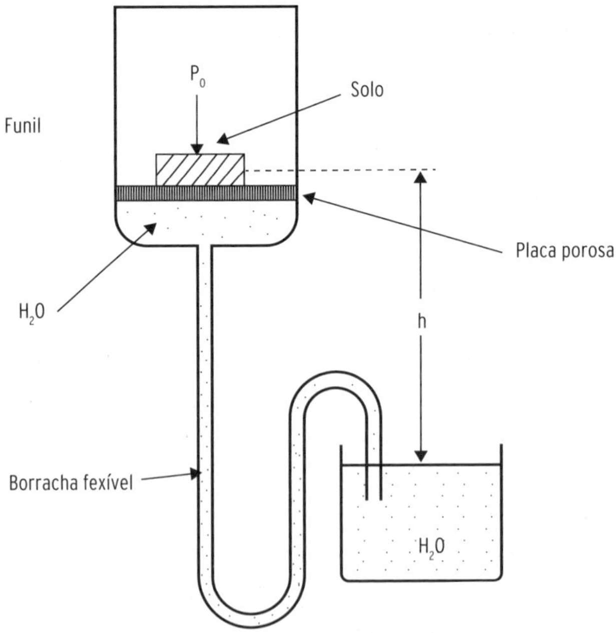

Figura 7.1: Funil de placa porosa.

Na condição da Figura 7.1, a água dos poros da placa, apesar de saturada, encontra-se sob sucção ou tensão de -h cmH_2O. Se a amostra de solo tiver um bom contato com a placa, na condição de equilíbrio, o potencial matricial do solo (Ψ_m) será -h. Em relação ao potencial gravitacional, considera-se, nesse caso, a espessura da placa e a altura da amostra desprezíveis, isto é, h muito maior que z, portanto nulo.

Os funis de placa porosa são usados para fazer curvas de retenção de água na faixa bem úmida do solo. Depois de colocar a amostra de solo em contato com a placa, eleva-se a vasilha de água livre até o nível superior da placa. Nessas condições, h = 0 e o solo se satura. Pode-se, assim, determinar θ_s, logicamente, depois de atingido o equilíbrio. Em seguida, abaixa-se a vasilha para um h preestabelecido, digamos h = 30 cm, e o solo perde a água retida entre os potenciais 0 e 30 cmH_2O. No equilíbrio, o solo terá Ψ_m = -h = -30 cmH_2O. Nessa condição, determina-se o novo θ que, logicamente, será menor que θ_s. Pelo que vimos anteriormente, esvaziam-se os poros do solo cujos diâmetros são maiores que o diâmetro de um poro com potencial -30 cmH_2O. Abaixando a vasilha para um novo h, digamos 60 cm, há equilíbrio com Ψ_m = -60 cmH_2O e um novo valor de θ. Procede-se da mesma forma para diversos valores de h, medindo os respectivos valores de θ, até chegar próximo ao limite de trabalho da placa. Se o limite for ultrapassado, esvaziam-se alguns poros da placa, e o ar começa a entrar na câmara abaixo da placa, o que faz a coluna de água se romper; o aparelho deixa de funcionar.

TENSIÔMETRO DE MERCÚRIO

Esse instrumento é apropriado para medidas no campo, muito utilizado no controle da irrigação. Seu elemento principal é uma cápsula porosa instalada com a profundidade desejada (h_2 na Figura 7.2). Ele consiste de uma cápsula de cerâmica em contato com o solo, ligada a um manômetro, por meio de um tubo de PVC completamente cheio de água, como indica a Figura 7.2. Na verdade, não é muito diferente do funil de placa porosa. Imagine a placa plana transformada em uma cápsula, invertendo as posições, ou seja, a cápsula desce e é introduzida no solo, e a vasilha sobe acima da superfície do solo para medida de h. A simples inversão implicaria pressões positivas na cápsula, situação contornada pela construção própria, vista a seguir. No tensiômetro, a água não fica em contato direto com a pressão atmosférica, como no caso do funil. O tensiômetro é hermeticamente fechado, e a P_{atm} atua apenas por meio do manômetro de mercúrio.

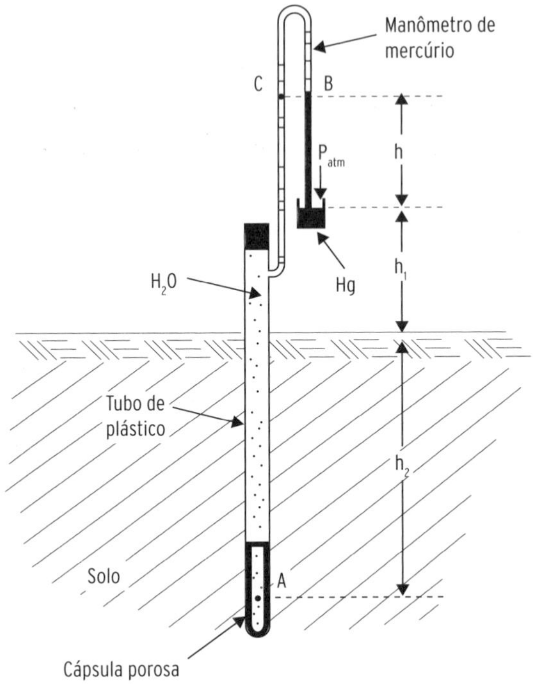

Figura 7.2: Esquema de um tensiômetro.

Ao colocar o tensiômetro no solo, sua água entra em contato com a água do solo através dos poros da cápsula porosa, e o equilíbrio tende a se estabelecer. De início, antes de colocar o instrumento em contato com o solo, sua água está à pressão atmosférica. A água do solo que, em geral, está sob pressões subatmosféricas exerce uma sucção sobre o instrumento e dele retira certa quantidade de água, causando queda na pressão hidrostática em seu interior. Estabelecido o equilíbrio, o potencial da água dentro da cápsula do tensiômetro é igual ao potencial da água no solo em torno da cápsula (Ψ_m), e o fluxo de água cessa. A diferença de pressão é indicada por um manômetro, que pode ser um simples tubo em U com água ou mercúrio ou um indicador mecânico ou elétrico.

Os tensiômetros podem permanecer no solo por longo tempo; como a cápsula porosa é permeável à água e aos sais, a água no tensiômetro permanece com a "mesma" composição e concentração da água do solo. A diferença de pressão não indica, portanto, o potencial osmótico. Recomenda-se, por isso, usar água da torneira, desde que razoavelmente pura. Em projetos de irrigação, utilizar a própria água de irrigação. A altura do mercúrio no manômetro da Figura 7.2 é a leitura do tensiômetro: -h cmHg, que pode ser transformada em atm ou m de H_2O. A título de ilustração, a Figura 7.3 mostra as cubas de mercúrio de uma bateria de tensiômetros instalados no campo a diversas profundidades. Hoje, o uso de mercúrio é bastante restrito e, por isso, esses manômetros são substituídos por manômetros comerciais de cápsula de Bourdon ou manômetros digitais.

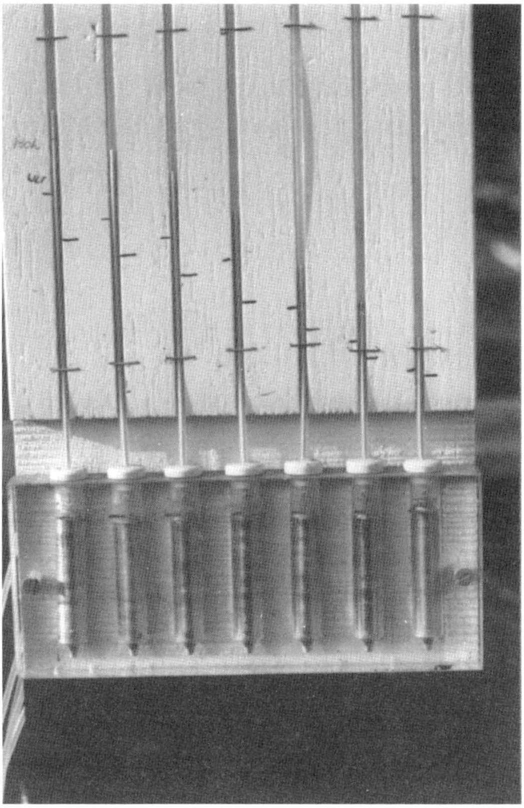

Figura 7.3: Manômetros de mercúrio de uma bateria de tensiômetros instalados a várias profundidades.

A medida do potencial matricial por tensiômetros é, em geral, limitada para valores menores que 1 atm. Isso porque o manômetro mede pressões manométricas (vácuo) com relação à pressão atmosférica externa. Quando a tensão atinge valores altos, próximos a 1 atm, aparecem bolhas de ar que interferem no equilíbrio, chegando até a romper a coluna de água. Na prática, o intervalo de uso do tensiômetro é de $\Psi_m = 0$ (saturação) e $\Psi_m = -0{,}8$ atm, aproximadamente. Esse intervalo de potencial limitado, mensurável pelo tensiômetro, não é tão limitado como parece. Ele é uma parte pequena do intervalo total de potenciais, mas, no campo, cobre o principal intervalo de umidade do solo de importância em práticas agrícolas e, por isso, muito utilizado em irrigação.

TENSIÔMETRO DE POLÍMERO

Um avanço recente está nos tensiômetros de polímero, compostos basicamente por um disco de cerâmica maciço, um revestimento de aço inoxidável que aloca um polímero (de grande capacidade de expansão, ao receber água, e de retração, ao perder água) e um transdutor de pressão (para medir as variações de pressão devidas a entradas e saídas de água através do disco de cerâmica) (Figura 7.4). Os sensores estão ligados a um armazenador de dados individual (*datalogger*), e os dados são armazenados a cada 15 minutos ou menos. Os tensiômetros de polímeros são capazes de mensurar um intervalo bem maior de potenciais de água no solo, desde próximo à saturação ($h = 0$) até o ponto em que $h = -200$ m, ultrapassando a tensão de água no ponto de murcha permanente (em torno de $h = -150$ m). Desse modo, esse equipamento apresenta-se como uma alternativa eficiente para a realização de medidas de h.

SENSORES DE RESISTÊNCIA ELÉTRICA

Recentemente a categoria de sensores para medida de h com base em leitura da resistência elétrica do solo (Figura 7.5) também vem se destacando. Neles, os valores de resistência são transformados em leituras de tensão da água por meio de uma equação de calibração inserida em um medidor digital (*datalogger*) que possibilita o armazenamento de dados individuais de tensão. A sua faixa de operação é de 0 a 20 m de H_2O ou de 0 a 2 atm.

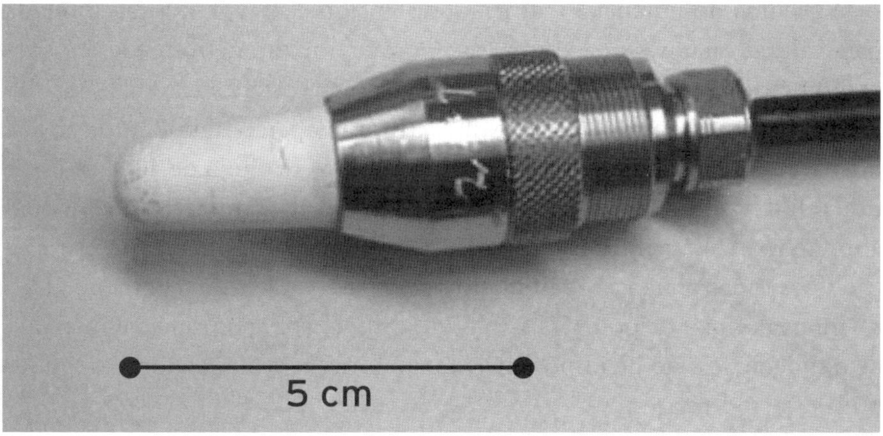

Figura 7.4: Tensiômetro de polímero.
Fonte: Schwantes (2013).

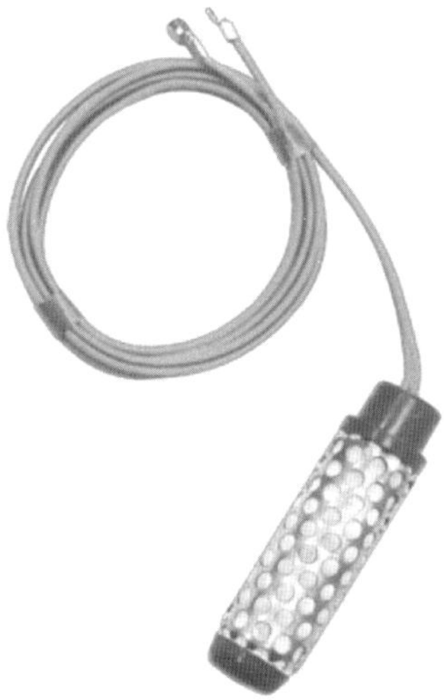

Figura 7.5: Sensor de determinação da tensão de água no solo com base em leitura de resistência elétrica do solo.
Fonte: http://www.tracom.com.br/?pag=produto-visualiza&id=Njl1. Acessado em: 17 jun. 2016.

CÂMARA OU PLACA DE PRESSÃO DE RICHARDS

Em laboratório, h é também medido em aparelho de membrana ou placa de pressão de Richards, esquematizado na Figura 7.6. Ele abrange valores de h de -0,1 a -150 m, dependendo da placa utilizada.

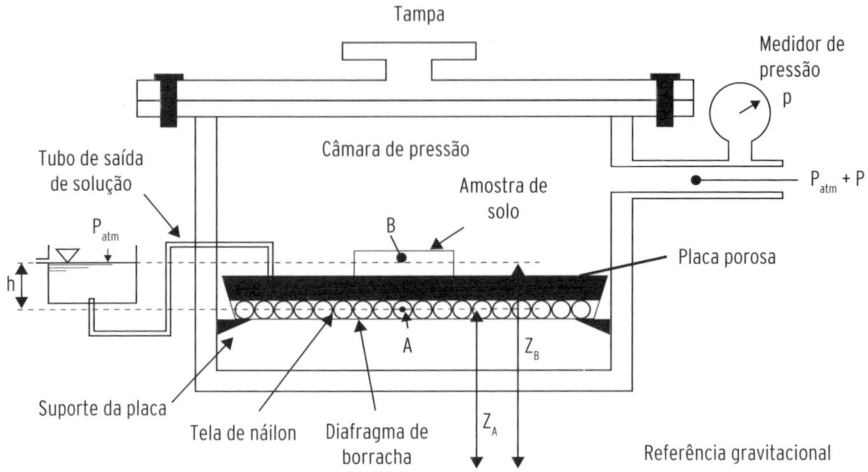

Figura 7.6: Esquema de câmara ou membrana de pressão.
Fonte: Libardi (2012).

Esse aparelho consta, em síntese, de uma câmara de pressão ligada à atmosfera por intermédio de uma placa sobre a qual é colocada a amostra do solo. O arranjo instrumental é tal que a parte inferior à placa encontra-se continuamente sob pressão atmosférica $P_o = 0$. Com esse equipamento, a água do solo é retirada por pressão, o que é uma vantagem, pois é possível alcançar altos valores de pressão, 15 atm (150 m de H_2O) ou mais.

A amostra é posta sobre a placa que já está saturada, e o solo é saturado com água por um período de 24 horas. Em seguida, aplica-se uma pressão P_i (de 0,1 a 2 atm para um tipo de instrumento e de 1 a 20 atm para outro) à câmara. Em virtude da pressão aplicada, a água é retirada do solo até que o equilíbrio se estabeleça; nessas condições, o solo terá um teor de água (θ) retido a um potencial matricial (Ψ_m). Na condição de equilíbrio:

$$\Psi_m \text{ (solo)} = P_i$$

A leitura do manômetro fornece diretamente o potencial matricial da água do solo naquela condição de equilíbrio. A operação é repetida para tantos valores de P_i necessários para se obter uma boa curva de retenção de água. Como a relação Ψ_m *versus* θ é exponencial, fixam-se mais valores de

P_i na faixa úmida e valores mais espaçados na faixa seca. Um exemplo de escolhas para P_i é: 0; 0,06; 0,1; 0,33 (1/3 de atm, que é a clássica capacidade de campo – CC); 0,5; 1; 3; 5 e 15 atm (este último é o clássico ponto de murcha permanente – PMP). Um exemplo típico é dado na Tabela 7.1.

Tabela 7.1: Valores obtidos de potencial matricial (Ψ_m) e umidade do solo (θ) na membrana de pressão em uma amostra de solo.

$P_i = \Psi_m$ (cm)	$\log \Psi_m$	θ ($m^3.m^{-3}$)
0 (saturação)	$-\infty$	0,575
60	1,778	0,551
100	2,000	0,530
330 (CC)	2,519	0,415
500	2,699	0,399
1.000	3,000	0,380
3.000	3,477	0,362
5.000	3,699	0,355
15.000 (PMP)	4,176	0,351

Como se vê, enquanto θ varia de 0,575 (saturação) para 0,351 $m^3.m^{-3}$, Ψ_m varia exponencialmente de 0 a 15.000 cm (15 atm). Por isso, ao apresentar os dados em gráfico, utiliza-se o log $|\Psi_m|$. Como o log 0 = $-\infty$, esse ponto não entra no gráfico. Com os dados da Tabela 7.1, pode-se construir curvas como as mostradas na Figura 6.6 do Capítulo 6.

A limitação desses instrumentos está na placa ou na membrana porosa. No intervalo de pressões P_i utilizado, a membrana (quando molhada) deve ser impermeável ao ar e permeável à água. Ela é impermeável ao ar porque a pressão P_i não é suficiente para eliminar a água de seus capilares. Há dois tipos de aparelhos: um denominado "panela de pressão", para pressões $0 < P_i < 2$ atm; outro com placa de alta microporosidade, denominado placa ou membrana de Richards, para pressões $1 < P_i < 20$ atm.

SONDAS DE NÊUTRONS

Essas sondas são baseadas em processos nucleares, de uso restrito, mas que foram muito utilizadas em pesquisa com vantagens sobre outros métodos. Desde a década de 1960, o método de moderação de nêutrons, pelo uso de sondas de nêutrons (ver Figuras 7.7 e 7.8), tem sido aplicado com sucesso na determinação da umidade do solo. Trata-se de um método nuclear descrito em manuais especializados. Esse método é praticamente não invasivo – sua principal vantagem –, permitindo medidas nos mesmos pontos a qualquer momento. A sonda é introduzida no solo por um tubo de acesso e a medida é realizada em minutos. Depois dos anos 2000 o uso dessas sondas se reduziu bastante por causa das restrições feitas à sua operação e ao seu transporte em vias públicas, por tratar-se de material nuclear.

Figura 7.7: Sonda de nêutrons posicionada sobre tubo de acesso de alumínio, pronta para medir umidade em profundidade.

TOMOGRAFIA DE SOLOS

O avanço mais recente nessa área de instrumentação é a introdução da tomografia computadorizada em ciência do solo. A tomografia pode ser realizada com amostras de qualquer forma, até de um torrão de solo, e o resultado é bidimensional. Essa técnica foi introduzida na ciência do solo com a colaboração de técnicos brasileiros do Centro Nacional de Pesquisa e Desenvolvimento de Instrumentação Agropecuária (CNPDIA), da Empresa Brasileira de Pesquisa Agropecuária (Embrapa), em São Carlos.

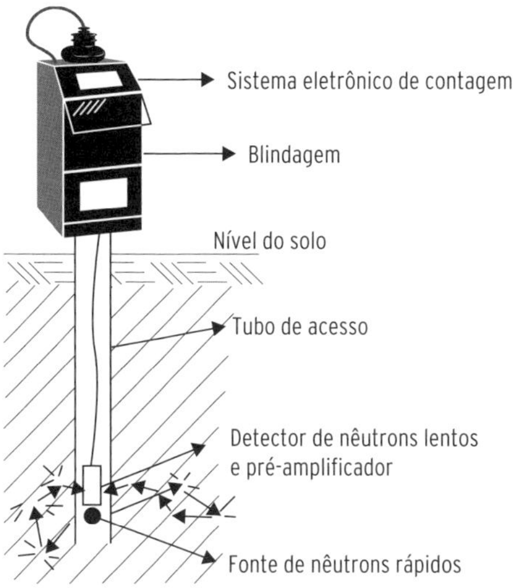

Figura 7.8: Esquema de sonda de nêutrons para medida da umidade do solo.

Em uma medida tomográfica, a amostra se move em relação a um feixe de radiações gama ou X fixo, e uma série de medidas é tomada, ao longo de um plano ou "corte" da amostra. Em seguida, é dada uma pequena rotação na amostra, de um ângulo α (passo angular), e mais uma série de medidas é tomada no mesmo plano. Após várias rotações, a "varredura" naquele plano está completa, e o conjunto de informações é processado por programa de computação apropriado. Por isso, fala-se em tomografia computadorizada (TC). As Figuras 7.9 e 7.10 ilustram a tomografia de solos.

Figura 7.9: Vista do tomógrafo do Centro de Energia Nuclear na Agricultura (Cena), da Universidade de São Paulo, em Piracicaba.

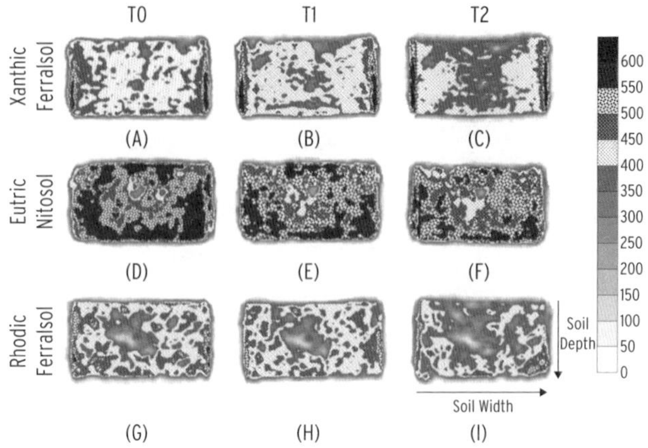

Figura 7.10: Imagens tomográficas de solos obtidas com o tomógrafo da Figura 7.9. Fonte: cortesia de Luiz Fernando Pires.

MEDIDA DA UMIDADE DO SOLO POR REFLECTOMETRIA DE MICRO-ONDAS

A reflectometria de micro-ondas (*Time Domain Reflectometry* – TDR) é uma técnica usada para medir a umidade do solo (θ), com base no efeito de θ sobre a velocidade de propagação (v) de micro-ondas (ondas eletromagnéticas de frequência no intervalo 50 MHz a 10 GHz) em cabos (metálicos) condutores introduzidos no solo, na região em que se deseja medir θ. A velocidade depende do meio que envolve o cabo, isto é, de sua permissividade (k) – ou constante dielétrica –, que depende da proporção de matéria sólida ($k_s \cong 3$), de água ($k_{água} = 80$) e de ar ($k_{ar} = 1$). Essa diferença grande entre $k_{água}$ e os demais componentes do solo permite uma relação (não linear) entre k e θ, denominada curva de calibração.

O instrumento envia um pulso de micro-ondas pela haste de comprimento L, que é refletida (percorrendo, portanto, uma distância 2 L) e detectada. O tempo (t) de propagação na haste é proporcional à permissividade do solo (k), que, por sua vez, depende de θ. Daí o nome reflectometria de micro-ondas. Como mostra a Figura 7.11, as hastes são introduzidas no solo (no local e profundidade desejados), e as medições, praticamente instantâneas, são realizadas ao fechar o circuito com o aparelho emissor/receptor de onda. No comércio, são encontradas hastes de 20, 40, 60, 80 e 100 cm, e as medidas de θ referem-se a espessuras de solo correspondentes, isto é, 0 a 20, 0 a 40, 0 a 60 cm... A umidade de uma camada intermediária, como 40 a 60 cm, é obtida por diferença. Mais recentemente apareceram as hastes múltiplas, para medidas simultâneas em várias profundidades. O método ainda é caro por causa do preço do emissor/detector de pulsos, mas as perspectivas de barateamento estão previstas para os próximos 10 anos. A Figua 7.12 mostra um aparelho TDR em operação e a Figura 7.13, a introdução das hastes.

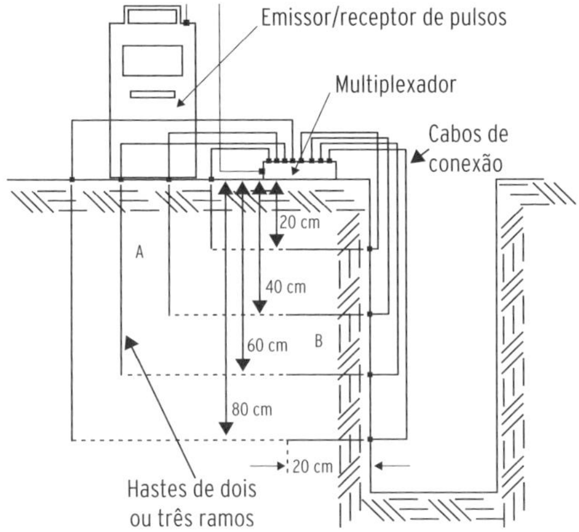

Figura 7.11: Esquema de baterias de TDR instaladas no campo. A: vertical com quatro profundidades, com medidas de θ em camadas 0-20; 0-40; 0-60 e 0-80 cm; B: horizontal com hastes de 20 cm, com medidas nas profundidades 20, 40, 60 e 80 cm.

Figura 7.12: Medição da umidade do solo utilizando a técnica de TDR em cultura de café; no centro, central eletrônica acionada à bateria e os cabos que levam à sonda de duas hastes, que foram introduzidas no solo.

Figura 7.13: Parte superior de hastes de TDR introduzidas no solo até a profundidade de 15 cm, das quais sai o cabo que leva à central eletrônica; ao lado, guia com dois orifícios utilizada para a introdução paralela das hastes.

A técnica da reflectometria no domínio da frequência (FDR) (Figura 7.14) é uma variação da TDR, também usada para medir a umidade do solo (θ), com base na resposta de mudança da constante dielétrica do solo. Ela é confundida, muitas vezes, com a técnica de TDR, pois ambas medem a constante dielétrica do solo. Entretanto, a FDR toma por base o tempo de carga de um condensador, e este é função da constante dielétrica do solo que o rodeia.

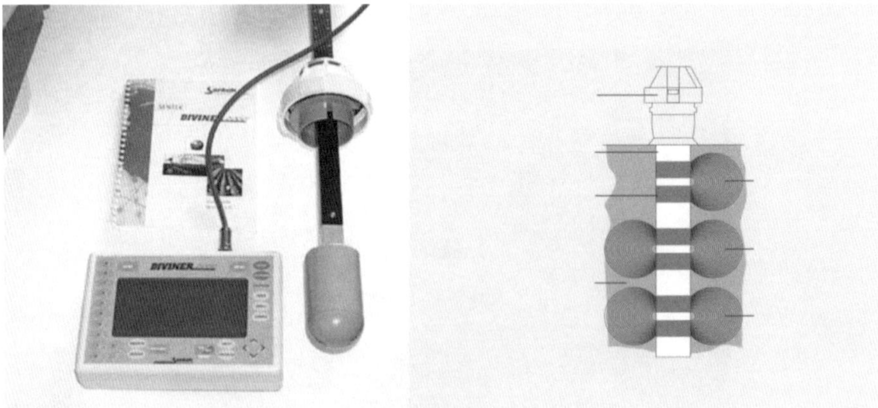

Figura 7.14: Sonda FDR de capacitância (esquerda) e tubo de acesso para a sonda e esfera de influência dos elementos sensores.
Fonte: http://www.cpamn.embrapa.br/soloaguaclima/Estruturairrigacao.php (esquerda); http://www.hubel.pt/fotos/editor2/enviroscan_03.jpg (direita).

EXERCÍCIOS

1. Qual é o problema da retirada de amostras de solo no que se refere à conservação de sua estrutura?

2. Por que o tensiômetro de mercúrio não é mais recomendado?

3. Enumere os princípios físicos utilizados para medidas de água e de potencial da água no solo.

8 O movimento da água

INTRODUÇÃO

A água move-se no sistema solo-planta-atmosfera (SSPA) em qualquer uma de suas fases. No solo e na planta, os principais movimentos se dão na fase líquida, apesar dos fluxos de vapor poderem assumir grande importância quando o solo se encontra "mais seco" e, em certas partes da planta, como é o caso das câmaras estomatais, na folha. Na atmosfera, o principal movimento se dá na fase gasosa (vapor de água), mas também nas fases líquida (chuva) e sólida (granizo ou neve), podendo assumir proporções importantes.

Neste capítulo, a ênfase recairá sobre o movimento na fase líquida, que ocorre em resposta a diferenças de potencial total da água (Ψ). Vimos, no Capítulo 6, que, quando Ψ é constante, há equilíbrio e, quando Ψ é variável, há movimento. Porém, nessas considerações, é necessário discutir o problema das membranas semipermeáveis, estruturas que permitem a passagem da água, mas não dos solutos. No SSPA, as principais membranas encontram-se nas células das plantas e nas interfaces água-ar, como a superfície do solo, nas quais a água passa na forma de vapor, deixando para trás os solutos. Quando não há membranas, os solutos movem-se com a água e, mesmo na existência de diferenças de potencial osmótico de uma região para outra, o movimento de água devido ao potencial osmótico é desprezível; o movimento de sais é mais importante, e estes se movem buscando o equilíbrio. Por isso, no caso de movimento de água na fase líquida, sem a presença de membranas, para efeito de quantificação do movimento, Ψ não inclui a componente osmótica (mesmo ela sendo não desprezível). Se houver membranas, a componente osmótica torna-se a mais importante e precisa ser incluída.

Define-se, então, o potencial hidráulico (H), que é Ψ sem a inclusão da componente osmótica:

$$\Psi = H = \Psi_p + \Psi_m + \Psi_g$$

Como ambos, Ψ_p e Ψ_m, referem-se a pressões, o primeiro às positivas e o segundo às negativas, podem ser agrupados em uma única componente $h = \Psi_p + \Psi_m$, que cobre toda faixa de pressões. A componente gravitacional (Ψ_g) pode ser expressa em termos de altura, e, se a superfície do solo é tomada como referência, ela se identifica com a profundidade (z). Assim, a forma mais comum de apresentar H na literatura é:

$$H = h + z$$

Nessa forma é que desenvolveremos, daqui para frente, as equações referentes ao fluxo de água na fase líquida, sem a presença de membranas semipermeáveis.

O MOVIMENTO DA ÁGUA PELA EQUAÇÃO DE DARCY

A água no estado líquido move-se sempre que existe diferenças de H em diferentes pontos do sistema. Esse movimento se dá no sentido do decréscimo do potencial H, isto é, a água sempre se move de pontos de maior potencial para pontos de menor potencial. Darcy, no século XIX, foi o primeiro a estabelecer uma equação que possibilitasse a quantificação do movimento de água em materiais porosos saturados. Ele verificou que o fluxo de água é proporcional ao gradiente de potencial hidráulico no solo, sendo este a variação de H no espaço. Segundo sua equação, o fluxo é o produto de uma propriedade do solo, denominada condutividade hidráulica do solo, pelo gradiente de H. Veremos, a seguir, cada uma dessas definições em mais detalhes.

A QUANTIFICAÇÃO DO MOVIMENTO DE ÁGUA: SEU FLUXO

O movimento da água é, em geral, expresso por meio do fluxo de água (q), representado pelo volume de água (V), que passa por unidade de tempo (t) e pela unidade de área de seção transversal (perpendicular ao movimento). Assim, se 10 L de água atravessam 5 m^2 de solo em 0,1 dia, tem-se 10/5 = 2 L/m^2 (lembrando que 1 L/m^2 é 1 mm, tem-se 2/0,1 = 20 mm.dia^{-1}). O mm é o resultado da altura (ou espessura) de água quando se joga 1 L em 1 m^2.

Apesar do fluxo q ter dimensões de uma velocidade, ele não representa diretamente a velocidade com que a água se move no solo. A velocidade real da água no solo (v) é o volume de água (V) que passa por unidade de tempo pela área disponível ao fluxo, isto é, seção transversal de poros ocupados pela água. Como a água só se move pelos poros molhados, essa área é bem menor e, consequentemente, a velocidade no poro, maior. A Figura 8.1 ilustra as velocidades da água em uma tubulação cujo diâmetro é reduzido pela metade, e o fluxo (velocidade) dobra. Em vez de reduzir o diâmetro, pode-se preencher a tubulação com um solo de porosidade 50% (Figura 8.2) para também dobrar o fluxo. Se esse solo estivesse com uma umidade de 25%, a velocidade da água seria 80 mm.dia^{-1}.

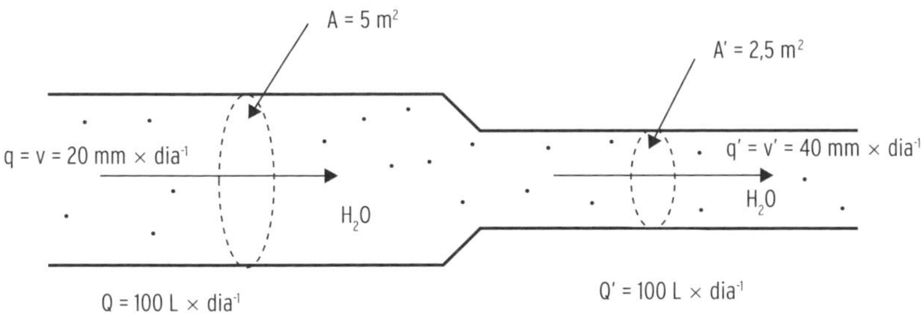

Figura 8.1: Exemplo de fluxo de água em tubulação com redução de diâmetro.

A FORÇA QUE FAZ A ÁGUA AVANÇAR NO SOLO: O GRADIENTE

Dimensionalmente, o gradiente de potencial da água vem a ser uma força, pois ele representa uma energia por unidade de comprimento: J/m =

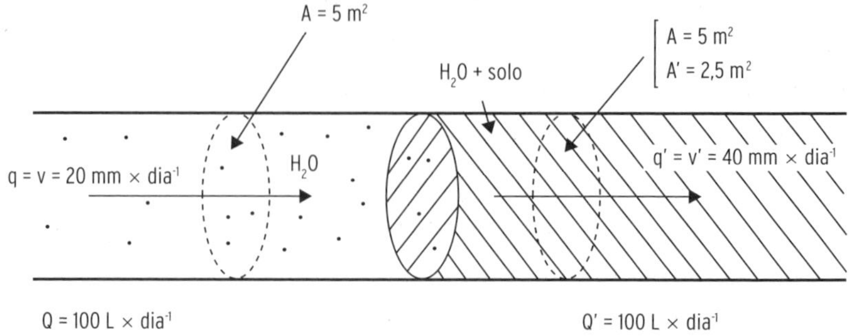

Figura 8.2: Exemplo de fluxo de água em tubo com solo de porosidade 50%.

(N.m)/m = N. Essa relação vem da Física, de onde se sabe que energia dividida por espaço resulta em força. Quando H é expresso em altura de água, de dimensão L, o gradiente de potencial total da água, simbolizado por grad H tem dimensões $L.L^{-1}$, isto é, é adimensional. Não se deve esquecer que, mesmo assim, ele é uma força. Ele é, então, a força responsável pelo movimento da água no solo. Quando o gradiente é nulo, não há força e, consequentemente, não há movimento de água: equilíbrio. Para haver movimento é preciso que H varie no espaço, resultando o gradiente.

A equação de Darcy-Buckingham mostra apenas que o fluxo de água (q) é proporcional à força que atua sobre a água, isto é, o gradiente de potencial. Ou seja, quanto maior a força, maior o fluxo de água. Por outro lado, a água não se move livremente no solo; cada tipo de solo oferece um tipo de resistência a esse movimento. Assim, além do gradiente, entra o próprio solo como fator limitante do fluxo. Em vez de resistência ao fluxo, convencionou-se falar em condutividade, que é inverso à resistência. Um solo de alta resistência ao fluxo tem baixa condutividade e vice-versa.

A CONDUTIVIDADE DO SOLO REGULA O FLUXO DE ÁGUA

O coeficiente de proporcionalidade entre o fluxo q e o gradiente de potencial é a condutividade hidráulica (K) do solo. Ela pode, portanto, ser definida pela relação entre o fluxo e o gradiente, sendo suas dimensões iguais às do fluxo quando H é medido em energia por unidade de peso ou carga hidráulica (cm ou m de H_2O), isto é, o gradiente fica adimensional.

A condutividade hidráulica é uma característica do material poroso, mas também depende das propriedades do fluido. O caso mais geral é considerar K de uma amostra de solo uma função só de θ; assim, escreve-se K = K(θ), uma vez que θ define a área disponível para o fluxo de água.

Quando um solo está saturado, com todos os poros cheios de água, a condutividade hidráulica é simbolizada por K_0, chamada de condutividade hidráulica saturada (isto é, do solo, quando saturado) e de infiltração básica em manuais de irrigação. Esse é o valor máximo de $K = K_0$. Ele decresce rapidamente com o decréscimo da umidade (ou potencial matricial h), pois, como h = h(θ) (curva de retenção da água no solo), a condutividade também pode ser expressa em termos de h, K = K(h). Na Figura 8.3 são apresentados valores de K para determinado solo, tomado como exemplo.

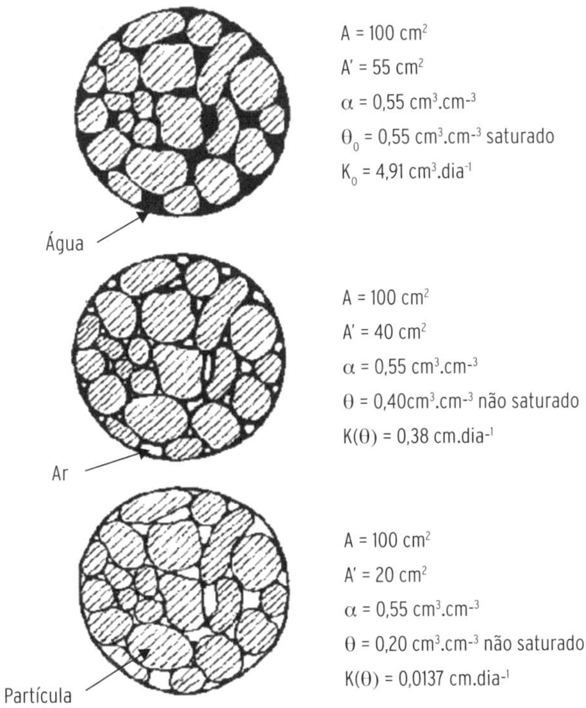

Figura 8.3: Esquema que mostra a diminuição da condutividade hidráulica em função da área útil para o fluxo de água, com a diminuição da umidade do solo.

Além da diminuição da área útil por causa da redução de θ, a tortuosidade do solo e os fenômenos de retenção de água fazem K diminuir drasticamente com θ.

Como K depende da geometria do espaço poroso, ele varia bastante de solo para solo e também no mesmo solo, por causa das variações estruturais, de compactação etc. Porque K varia bruscamente com θ, torna-se conveniente fazer o gráfico do logaritmo de K *versus* θ (como indica a Figura 8.4); equações exponenciais, em geral, são bons modelos para K(θ). A Figura 8.4 foi obtida com dados de K e de θ da Figura 8.3.

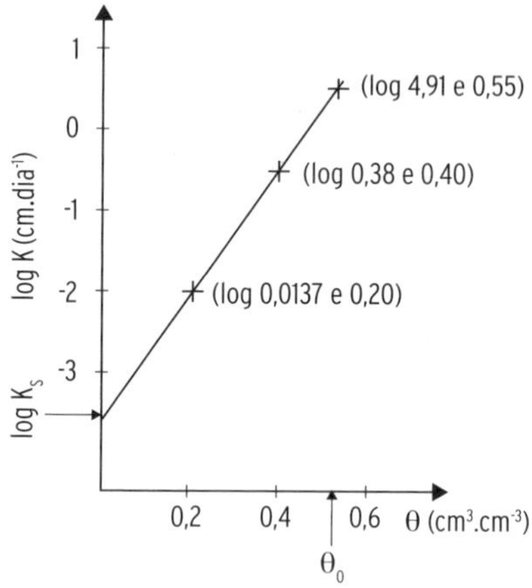

Figura 8.4: Gráfico de K(θ) para o solo do esquema da Figura 8.3, utilizando logaritmo decimal ($\log K_s$ = logaritmo decimal [base 10] da condutividade hidráulica do solo seco [solo seco θ = 0]).

Com figuras desse tipo, ao conhecer a umidade θ, pode-se estimar K.

Além disso, como θ é uma função de h (curva característica ou de retenção) e vice-versa, muitas vezes é mais conveniente expressar K em função de h, isto é, estabelecer a função K(h). Sua equação vai depender da função h(θ), mas, em geral, também é exponencial.

EXEMPLOS DE FLUXO DE ÁGUA

Na Figura 8.5, vê-se uma coluna de solo montada na horizontal, para a determinação da condutividade hidráulica em laboratório. Nesse arranjo, é fácil calcular o gradiente de potencial e o fluxo de água pela proveta; ao dividir um pelo outro, obtém-se K. Arranjos mais complicados são utilizados para medir K em várias umidades (θ), obtendo-se, assim, a função K(θ), como a apresentada na Figura 8.4. A Figura 8.6 mostra uma coluna de solo montada na vertical.

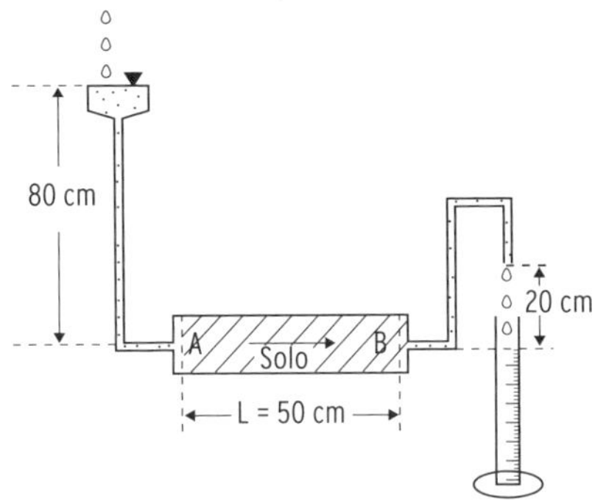

Figura 8.5: Fluxo saturado de água no solo, com coluna horizontal.

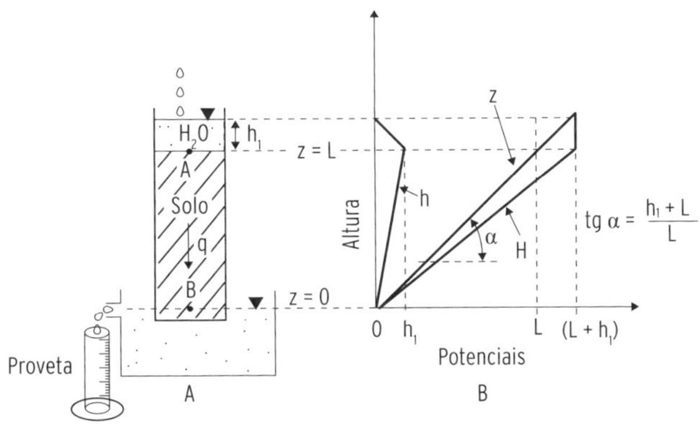

Figura 8.6: Fluxo vertical em solo saturado.

Esses dois exemplos referem-se a solo montado em colunas de laboratório. No campo, o movimento da água também é descrito pela equação de Darcy. Para quantificá-lo em dado ponto no solo, é necessário conhecer a condutividade K(θ) e quantificar o gradiente de potencial. Nos projetos de pesquisa isso é feito. Na prática, porém, esse procedimento é trabalhoso e, em geral, não é possível realizar a medição diretamente. Na maioria dos casos é importante saber a direção do fluxo de água. Intuitivamente, sabe-se que ele vai de regiões mais úmidas para as mais secas. Nos solos bem molhados a gravidade domina, e o fluxo é sempre de cima para baixo.

EXERCÍCIOS

1. O que é gradiente de potencial da água no solo?
2. Por que a condutividade hidráulica do solo diminui enquanto um solo seca?
3. Como a condutividade hidráulica do solo muda em função da compactação do solo?
4. O movimento de água é maior em um solo argiloso ou em um arenoso?

9 A solução e o ar do solo, essenciais à nutrição das plantas

INTRODUÇÃO

A água do solo, como estudada até aqui, é, na verdade, uma solução de sais minerais e compostos orgânicos de enorme importância. É dessa solução, chamada simplesmente de água do solo, que vêm os minerais essenciais para o desenvolvimento das plantas. Já descrita no Capítulo 2, ela possui composição variável por conta de uma série de processos dinâmicos que ocorrem entre as fases sólida e líquida do solo, adição de insumos, absorção de nutrientes pelas raízes e subsequente transporte para a parte aérea das plantas.

Nutrientes encontram-se na fase líquida do solo, imediatamente disponível às plantas, em formas como Ca^{2+}, $H_2PO_4^-$, NH_4^+, NO_3^- ou K^+, que são absorvidos pelas raízes e translocados pela planta aos caules, folhas e órgãos reprodutivos. As concentrações desses nutrientes dependem de reações cuja intensidade depende de constantes de equilíbrio que variam de nutriente para nutriente e com a forma de composto, a temperatura, o pH e uma série interminável de fatores.

O estado de equilíbrio raramente é atingido. Em geral, o sentido predominante do movimento dos nutrientes é do solo para a parte aérea da planta. Qualquer bloqueio na transferência do nutriente, em qualquer uma das fases, pode causar uma deficiência daquele nutriente na planta. Se a velocidade com que determinado nutriente passa da fase sólida do solo para a solução for baixa em relação à absorção e à necessidade da planta, uma deficiência também aparecerá. O estudo detalhado de cada processo físico-químico de transferência é bastante extenso, complexo e, em muitos casos, encontra-se ainda em fase de pesquisa. Neste capítulo, damos mais enfoque à caracterização desses nutrientes em solução.

Na verdade, existe um equilíbrio entre os íons (nutrientes) adsorvidos na fase sólida do solo e os adsorvidos na fase líquida. Denomina-se dupla camada iônica o sistema de partículas coloidais carregadas que está em contato com a solução iônica do solo. Esse sistema é assim denominado dada a presença de duas "camadas" de carga, uma negativa – a superfície do coloide (argila) – e a outra constituída pelos cátions adsorvidos. É de grande importância o conhecimento da distribuição desses cátions em torno das partículas coloidais e, também, o conhecimento dos fatores que afetam sua distribuição.

A distribuição das concentrações iônicas nas vizinhanças de partículas carregadas eletrostaticamente pode ser observada na Figura 9.1, em que se vê um cristal de mineral de argila, descrito no Capítulo 3, e, na solução adjacente, a distribuição de íons positivos e negativos ao longo de um eixo x, perpendicular ao cristal. A figura mostra que, para cristais negativos, a concentração de íons positivos é alta próximo ao cristal e que, a certa distância, na qual as cargas da partícula não atuam mais, há um balanço de cargas positivas e negativas, correspondente à solução do solo.

A quantificação da capacidade de um solo em adsorver íons positivos é dada pela capacidade de troca catiônica (CTC). O fenômeno de troca iônica ocorre sempre em um sistema em que se encontram superfícies carregadas eletricamente. Até o momento, consideramos somente o caso de argilas que apresentam cargas negativas simetricamente distribuídas em sua superfície. No sistema solo-planta, as argilas, a matéria orgânica, os óxidos, a superfície das raízes, os tecidos biológicos etc. apresentam cargas tanto positivas como negativas. Essas cargas podem ser permanentes ou não permanentes. As permanentes são aquelas que aparecem principalmente nos cristais de argila, como consequência da substituição isomórfica. As cargas não permanentes aparecem sempre que uma superfície apresenta propriedades de ácido ou base fracos. Como os materiais anteriormente indicados apresentam essas propriedades, eles apresentam cargas não permanentes. Elas, logicamente, dependem do pH da solução.

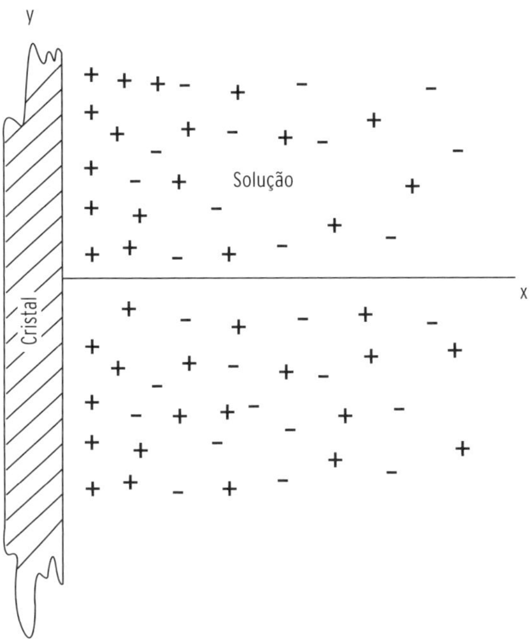

Figura 9.1: Esquema de cristal plano com distribuição homogênea de cargas negativas, indicando o eixo x, perpendicular ao plano do cristal, assumida por Gouy.

A CTC é expressa em $cmol_c.dm^{-3}$ ou $cmol_c.kg^{-1}$, isto é, centimoles da soma de nutrientes por quilo de solo. O subscrito c no mol indica carga.

Até o momento, vimos muito resumidamente a situação dos íons em equilíbrio no solo. Agora vamos nos preocupar com seu transporte. O fluxo de íons no solo é devido, sobretudo, a dois processos: difusão e transferência de massa. A difusão é o movimento de íons decorrente de variações de concentração, e a transferência de massa é o movimento de íons arrastados pelo fluxo de água. Iniciemos com o estudo da difusão.

MOVIMENTO DE ÍONS POR DIFUSÃO

Por difusão entendemos o processo pelo qual uma substância se difunde, se dispersa em outra. Como resultado dessa difusão, a substância se movimenta dentro do meio em que está, no nosso caso, o solo. O processo de difusão de um soluto em dado meio se dá por causa de diferenças de sua concentração (C) ao longo de uma direção. Essas diferenças de C são, na verdade, diferenças de energia ou de potencial químico, como abordado brevemente no início deste texto.

A difusão pode, também, ser vista apenas como um movimento casual das partículas do soluto. A Figura 9.2 ilustra NaCl se difundindo em água. Tomam-se duas camadas infinitesimais a e b de espessura δ, indicadas na mesma figura.

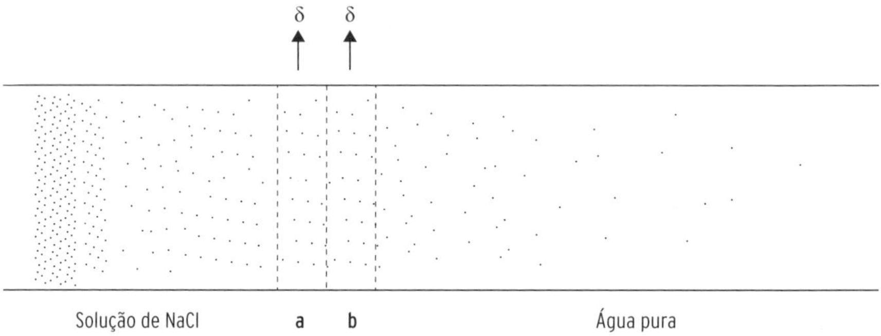

Figura 9.2: Difusão de NaCl em água.

Na difusão ideal, não há direção preferencial de movimento das partículas; elas se movem ao acaso – o chamado movimento brauniano –, sem direções preferenciais. Em dado intervalo de tempo, em média, metade dos íons de "a" deixam essa região através do plano central, e metade dos íons de "b" atravessam o mesmo plano em direção oposta. Como a concentração média de a (C_a) é maior do que a de b (C_b), há um movimento maior de a para b do que de b para a, resultando um fluxo líquido de a para b. Esse é o fluxo de difusão que vai de concentrações maiores para menores. Esse mesmo raciocínio pode ser aplicado para a difusão de um gás em outro, difusão de calor, difusão de água em água etc.

Uma equação semelhante à de Darcy, vista no Capítulo 8, chamada de equação de Fick, descreve a difusão no solo. Nesse caso, o fluxo de íons (q) é dado, por exemplo, em mg de $Na.cm^{-2}.dia^{-1}$. A força que move os íons é o gradiente de concentração, que é a diferença de concentração entre dois pontos dividida pela distância que os separa. Nesse processo, aparece um coeficiente de difusão, parecido com a condutividade hidráulica vista no capítulo anterior; quanto maior esse coeficiente, maior o fluxo de difusão de um íon.

MOVIMENTO DE ÍONS POR TRANSFERÊNCIA DE MASSA

Vejamos, agora, o movimento de íons por transferência de massa. Como já foi dito, os solutos do solo podem, também, mover-se arrastados pelo fluxo de água. Esse processo é denominado transferência de massa. Durante o processo de evapotranspiração, a solução do solo flui das raízes às folhas. Nas folhas, a solução passa do estado líquido para o de vapor e vai para a atmosfera. Esse fluxo ocorre no xilema, como visto no Capítulo 4, e se espalha pelos diversos órgãos da planta de acordo com suas necessidades. A concentração de dado íon no xilema multiplicada pelo fluxo de água (evapotranspiração) resulta no fluxo de massa desse íon.

FONTES, SUMIDOUROS E A INTERCEPTAÇÃO RADICULAR DE SOLUTOS

Outros fenômenos que afetam o balanço das quantidades ou fluxos de íons no solo são as fontes e os sumidouros (*sources and sinks*). Fontes são materiais presentes no percurso de um íon no solo que liberam esse mesmo íon. Assim, no meio do caminho percorrido, a concentração daquele íon aumenta porque houve liberação pela fonte. Por exemplo, ao considerar o movimento do íon Ca^{2+} no solo, fragmentos de carbonato de cálcio ($CaCO_3$) são considerados fontes de cálcio, pois, apesar de essencialmente sólidos, eles liberam, por solubilização, íons de cálcio que vão parar na solução.

Ao contrário, sumidouros são materiais que absorvem o íon em movimento. Assim, a concentração do íon na solução que se move pode diminuir. As próprias raízes são sumidouros, pois retiram os íons do solo durante seu fluxo. Há, ainda, o processo de interceptação radicular, que, na verdade, não é um processo, pois pode ser visto como um sumidouro. As raízes, ao crescerem no solo, encontram novas porções de solo e, nessas áreas, absorvem o íon em questão. Daí o nome interceptação radicular. Resumindo, os nutrientes chegam às plantas pelos processos de difusão e de transferência de massa, carregados pela água, mas também por interceptação radicular, com o crescimento das raízes.

O AR DO SOLO E SUA AERAÇÃO

No estudo do ar do solo ou da "atmosfera do solo", que ocupa a porosidade livre de água, o conhecimento das leis e dos princípios que regem seu movimento é de grande importância agronômica. As plantas e os organismos aeróbicos exigem certos níveis de oxigênio na atmosfera do solo, consumindo O_2 e liberando CO_2. Por isso, a atmosfera do solo, em geral, possui concentração menor de O_2 e maior de CO_2, em comparação com a atmosfera acima do solo (ver Tabela 5.1, Capítulo 5). Os processos de troca de gases entre a atmosfera superior e a atmosfera do solo (aeração), muitas vezes, podem ser limitantes à produção para a maioria das culturas agrícolas. Raras são as exceções em que essa limitação não ocorre, como, por exemplo, na cultura do arroz, que se desenvolve de modo adequado em ambiente anaeróbico. A planta de arroz tem estruturas especializadas que conduzem o oxigênio internamente, da parte aérea para as raízes.

O estudo físico-analítico dos processos de transferência de gases no solo é bastante complexo. No solo também há fontes e sumidouros de CO_2, O_2, NH_3, N_2, SO_2 e uma série de compostos orgânicos voláteis. Por exemplo, os microrganismos, tais como bactérias, fungos, protozoários, são fontes de nutrientes quando se decompõem, liberando seus constituintes, e são sumidouros durante seu desenvolvimento, absorvendo nutrientes da solução do solo. A renovação do O_2 no solo acontece pela atmosfera superior, por difusão gasosa, semelhante à difusão de solutos, e por fluxo de massa com a água em movimento ou por fluxo de massa gasoso. Quando chove, a entrada de água no espaço poroso do solo expulsa dele certa quantidade de ar; durante a evaporação ou drenagem do solo, o ar é reposto por fluxo de massa. O fluxo de massa também é induzido por diferenças de temperatura, que provocam correntes de convecção e estabelecem diferenças de pressão. Apesar de todos esses fatores, acredita-se que o processo de difusão seja o principal processo responsável pela transferência de gases no solo e, por isso, será visto com um pouco mais de detalhe.

A DIFUSÃO DE GASES NO SOLO

Vejamos o caso da difusão dos gases, assumindo esse processo como o principal responsável por seu fluxo. Apesar de ser um processo casual, como descrito para solutos, a força responsável pela difusão de um composto ou elemento gasoso é seu gradiente de concentração ou potencial, regulado por um coeficiente de difusão, semelhante ao caso dos solutos. Como apresentado no Capítulo 5, as pressões parciais de cada componente gasoso são as que controlam seu fluxo. A pressão atmosférica total é a mesma dentro e fora do solo, mas as pressões parciais de cada componente variam.

Já dissemos que o O_2 é consumido a taxas elevadas no solo, pela ação de microrganismos e de raízes. Como consequência, sua pressão parcial se reduz bastante em relação à pressão parcial do ar da atmosfera acima do solo. Esse gradiente de pressão parcial é responsável pelo fluxo de O_2 para dentro do solo, uma vez que o coeficiente de difusão muda pouco.

É importante lembrar, nesta oportunidade, que, ao mesmo tempo que o O_2 se difunde para dentro do solo, o CO_2 e o N_2 se difundem para fora. Nesses movimentos de gases, estão sempre presentes correntes de sentidos opostos, porque a pressão total do sistema deve permanecer constante.

Todos esses processos são, geralmente, agrupados em um termo apenas: *aeração do solo*. Um solo ideal deve ter 50% de sólidos, 25% de água e 25% de ar. O manejo de solos deve ser tal que essas proporções sejam mantidas, obedecendo, é claro, as peculiaridades de cada sistema de plantio. O sistema de plantio direto é voltado a esse objetivo e, por isso, é considerado mais sustentável.

EXERCÍCIOS

1. Por que a solução do solo possui íons?
2. Como os nutrientes são adsorvidos pelo solo?
3. Você entendeu o processo de difusão de íons no solo? Por que os íons se dirigem de concentrações maiores para menores?
4. Por que as raízes precisam de solo aerado?

10 Temperatura e fluxo de calor no solo

INTRODUÇÃO

A temperatura do solo é importante fator para o crescimento e o desenvolvimento vegetal. Ela depende de inúmeros fatores, que podem ser separados em três grupos: fatores atmosféricos; fatores de cobertura do solo; e fatores do solo propriamente dito. Entre os fatores atmosféricos, destacam-se a radiação solar, as estações do ano, a hora do dia e a nebulosidade. As coberturas do solo podem ser do tipo: não vegetado; vegetado; estufa de vidro, plástico ou tela; coberturas mortas etc. Importante é a cor da superfície de cobertura de acordo com parâmetros ligados à radiação vistos no Capítulo 5, como absortividade, refletividade (albedo) e transmissibilidade. Os fatores do solo envolvem suas propriedades físicas, como cor, textura, densidade, umidade e condutividade térmica.

Emprega-se muito esforço para modificar a temperatura do solo com a finalidade de criar um ambiente mais favorável às plantas. Vários tipos de cobertura (*mulch*), como palha, agregados, polietileno etc. são usados ou para aumentar ou para estabilizar a temperatura do solo. É possível ainda adptar a forma do canteiro, a fim de aumentar o aquecimento do solo junto às plantas. Além disso, a irrigação também pode ser utilizada para modificar o comportamento térmico do solo.

A temperatura afeta a germinação das sementes, o desenvolvimento das raízes e da planta, a atividade dos microrganismos, a difusão dos solutos e dos gases, as reações químicas e uma série de processos importantes para o agricultor e para o pesquisador da área de ciência do solo. Como já mencionado, ela é afetada pela composição mineralógica do solo, pela densidade e umidade, pela cor da superfície do solo, pela estrutura do solo, pela matéria orgânica etc.

COMO A ENERGIA TÉRMICA SE PROPAGA NO SOLO?

Intuitivamente, sabe-se que corpos expostos à radiação solar se aquecem e que, ao colocar um corpo mais quente em contato com um mais frio, um se resfria e outro se aquece até que as temperaturas se igualem. Torna-se importante, então, o estudo dos processos de transferência de energia térmica no solo, não abordados diretamente no Capítulo 5, por tratar-se de processos. Eles podem ser agrupados em três categorias:

- Radiação: processo de transferência de energia por radiações eletromagnéticas, sobretudo na região do visível e infravermelho.
- Convecção: processo de transferência por fluxo de massa.
- Condução ou difusão térmica: processo de transferência por difusão de energia de regiões mais "quentes" para regiões mais "frias".

OS PROCESSOS DE TRANSFERÊNCIA DE CALOR

O processo de radiação ocorre principalmente na atmosfera, como visto no Capítulo 5. A radiação solar, denominada pelos meteorologistas ondas curtas, é a principal fonte de aquecimento do solo, por sua superfície. Essa superfície, por sua vez, resfria-se emitindo ondas longas para a atmosfera. A energia solar absorvida pela superfície do solo é transmitida às camadas mais profundas pelo processo de transferência por condução, que é, sem dúvida, o principal processo que nele ocorre. O processo de radiação é mais facilitado quanto menos matéria se encontrar no meio pelo qual as ondas se propagam. O ideal é o vácuo, que prevalece na maior parte do trajeto da radiação solar desde o Sol até a Terra. A atmosfera, constituída de gases, atenua a energia transferida.

A convecção também é um processo de transferência de energia que ocorre principalmente na atmosfera, por movimentos de massas de ar, como o vento. Ao contrário da radiação, esse processo precisa da presença de materiais. A convecção se dá em fluidos, em nosso caso, a água e o ar que transportam energia neles armazenada. Frentes frias e quentes são exemplos disso. No caso da água no solo, seu movimento é tão lento que a convecção pode ser desprezada. Assim, o foco, aqui, é no processo de condução de calor no solo.

A condução de calor se dá na presença de matéria. No vácuo não há condução de calor. Nesse processo, a energia é transferida de átomo para átomo, por vibrações. O fluxo de calor resultante se dá em resposta a gradientes de temperatura, simbolizados por grad T, que são a "força motora" da transferência de energia. Quanto maior a diferença de temperatura entre dois pontos no solo, maior será o fluxo de calor. O grad T é essa diferença de temperatura dividida pela distância entre esses dois pontos.

O fluxo é ainda controlado por uma propriedade do solo, denominada condutividade térmica do solo, à semelhança do que foi descrito para os casos de fluxos de água, de solução e de gases. É também comum o emprego do termo *difusividade térmica*, quando se compara o processo de condução de calor com o de difusão de calor, que, essencialmente, é o mesmo processo. Altas condutividades ou difusividades térmicas do solo permitem altos fluxos de calor.

As condutividades e difusividades dependem de muitos fatores, sendo um dos principais a umidade. Isso porque a água tem uma das maiores condutividades térmicas dos materiais do solo, e o solo em si, quando seco, é quase um isolante térmico. O ar também tem condutividade muito baixa, de tal forma que solos secos com bastante ar quase não conduzem calor. Tijolos são feitos de solos bem argilosos e são bem secos, por isso são isolantes térmicos. Tijolos perfurados são mais isolantes ainda. Além disso, a condutividade térmica do solo depende de sua constituição (materiais sólidos presentes) e de seu estado de compactação.

A Figura 10.1 ilustra a colocação de termômetros digitais para a medida da temperatura do solo na entrelinha de um canavial em que se estudaram diferenças de temperatura entre cultivos com e sem palha e com e sem queima dos resíduos.

Figura 10.1: Termômetros digitais de solo utilizados em experimento de cana-de-açúcar.

UM EXEMPLO SIMPLIFICADO DE TEMPERATURA E FLUXO DE CALOR NO SOLO

Considera-se um perfil de solo sem vegetação, homogêneo, de densidade e umidade constantes ao longo da profundidade, exposto à radiação solar. A radiação incidente é a global, e parte dela é refletida pelo solo (ver albedo) e parte absorvida, que aquecerá sua superfície. Essa energia (calor) é, então, difundida para dentro do solo.

A trajetória aparente do Sol com relação à superfície do solo em um dia de equinócio (noite e dia de igual duração; para o Hemisfério Sul, 21 de março e 23 de setembro) pode ser aproximada por uma curva senoidal, desde seu nascer até o poente, de tal forma que a temperatura da superfície do solo pode ser aproximada, como apresentado na Figura 10.2, para um dia sem nuvens. Esse modelo não é real, mas bem elucidativo. A solução matemática desse problema de propagação de calor para dentro do solo, cujos detalhes não serão vistos aqui, mostra que a temperatura no solo diminui exponencialmente com a profundidade e senoidalmente com o tempo e a profundidade.

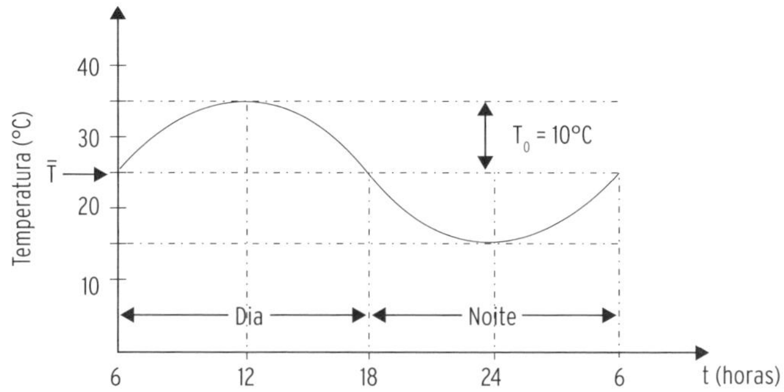

Figura 10.2: Exemplo da temperatura da superfície de um solo em função do tempo. O início dos tempos (t = 6) é tomado como o nascer do sol.

A Figura 10.3 ilustra a variação da temperatura em profundidade através de suas amplitudes de variação dentro do solo. Nota-se que, na superfície (profundidade = 0), a temperatura é de 35 °C ao meio-dia e 15 °C à meia-noite, com uma variação diária total de 20 °C, em torno de uma temperatura média de 25 °C. Essa temperatura média (nesse modelo) é constante, até mesmo em profundidade, pois a Terra se aquece durante o dia e se resfria na mesma proporção à noite. Tem que ser assim, pois, se não fosse, a Terra iria se aquecendo até atingir temperaturas absurdas, que não permitiriam a vida.

A figura mostra meia amplitude, isto é, 10 °C na superfície. Já a 10 cm de profundidade, esse valor cai para 4,26 °C; a 30 cm, 0,77 °C; e a 1 m, é praticamente zero. Isso significa que, a profundidades da ordem de 1 m, a temperatura do solo é constante (no exemplo, 25 °C). O homem descobriu esse fato há longa data, mesmo em climas frios, onde, em cavernas ou túneis, a temperatura é constante e alta em relação às temperaturas reinantes acima do solo. O modelo também mostra que as maiores variações de temperatura ocorrem nas camadas mais superficiais do solo, afetando, portanto, a germinação de sementes da maioria das culturas, que são plantadas entre 2 e 10 cm de profundidade, e sementes de ervas daninhas que se espalham nas camadas superficiais.

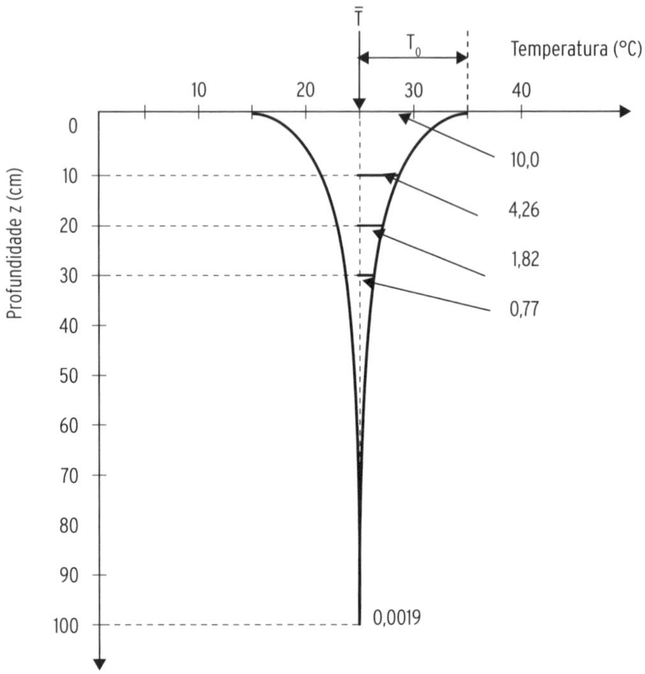

Figura 10.3: Variação da amplitude da onda de temperatura com a profundidade.

Na Figura 10.4, é possível perceber que, com esse modelo, a onda de calor sofre também um atraso à medida que ela penetra no solo. A 10 cm de profundidade, o "dia" começa às 6 h + 3 h 25 min e, a 20 cm, às 6 h + 6 h 51 min. Essa constatação não tem grandes implicações agronômicas, mas permite a melhor compreensão do processo. Assim, para uma semente colocada a 10 cm de profundidade, o máximo da temperatura naquele local ocorrerá 3 h 25 min depois de passar pela superfície.

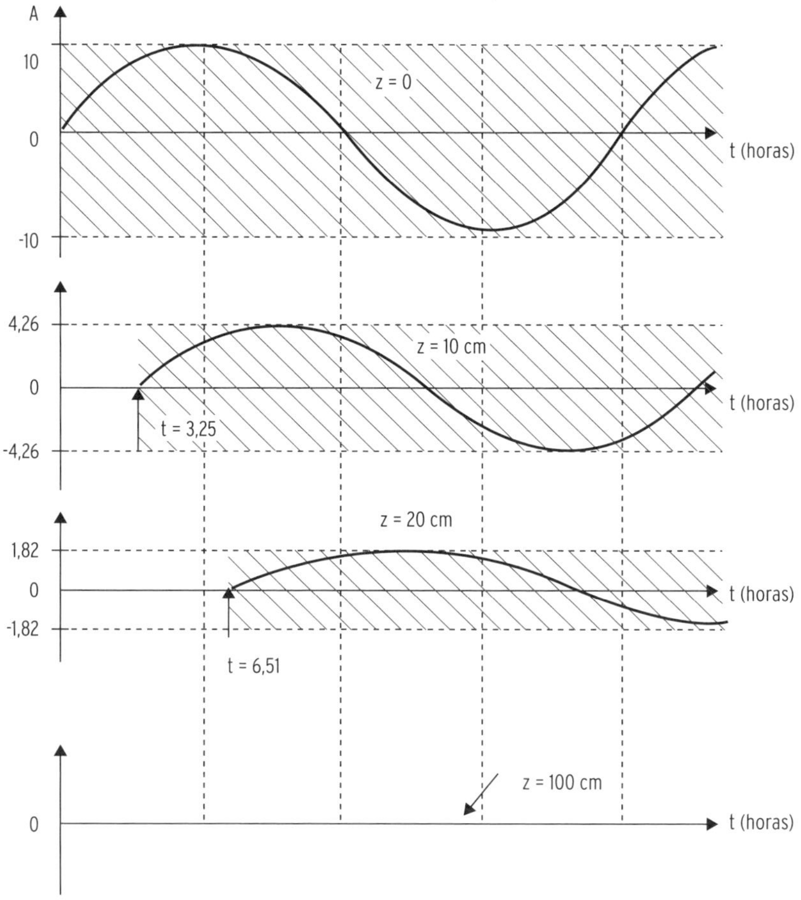

Figura 10.4: Exemplo de evolução da onda de temperatura, mostrando a diminuição da amplitude e a defasagem, com base na Figura 10.3.

O controle da temperatura superficial é, em geral, feito em conjunto com o controle da umidade do solo, por meio de cobertura. O mais comum são coberturas de palha, dos restos da cultura anterior. O sistema de cultivo mínimo é um exemplo de manejo que se favorece desses aspectos, mantendo os restos da cultura anterior no campo. Hoje, com a proibição da queima da palha da cana antes da colheita, as socas ficam protegidas pelos restos de cultura deixados pelas máquinas de colheita. A palha tem condutividades hidráulica e térmica muito baixas e, por isso, controlam tanto a umidade como a temperatura.

Outro fator que afeta a temperatura superficial é o poder refletor ou albedo da superfície. Ele depende da cor: em geral, cores mais claras refletem mais radiação incidente e cores mais escuras, menos. Coberturas de plástico preto, como as utilizadas em culturas de morango, podem levar a problemas com temperatura do solo.

Há mais um fator importante: a face dos terrenos inclinados. No Hemisfério Sul, encostas voltadas para o Norte são mais expostas à radiação solar. Essa característica é até aproveitada em muitas culturas cujo ciclo se estende pelo inverno, quando as temperaturas já são mais amenas.

EXERCÍCIOS

1. Por que as paredes de tijolos furados são mais isolantes para fluxos de calor?
2. Como foi visto, depois de mais ou menos 1 m de profundidade a temperatura do solo fica constante o ano todo. É por isso que as vinícolas armazenam vinho em cavernas e porões?
3. O solo seco conduz mais calor que o seco?
4. Como as coberturas do solo (plástico preto, matéria orgânica seca e matéria orgânica verde) atuam sobre as temperaturas do solo?
5. No plantio direto, como a cobertura de palha atua na temperatura do solo?

Parte III

APLICAÇÕES DO CICLO DA ÁGUA NOS AGROECOSSISTEMAS

O ciclo da água nos agroecossistemas, tais como culturas agrícolas, pastagens e florestas, é fechado e, por isso, pode ser iniciado em qualquer ponto. Vamos iniciar pela entrada da água pela superfície do solo desses sistemas, sobretudo pelos processos de *precipitação pluvial* e *irrigação*. De menor importância (do ponto de vista quantitativo) são o *granizo* e o *orvalho*, pelo menos para as regiões tropicais e subtropicais. A neve, como uma adição de água ao solo, é apenas de importância nas regiões mais frias, onde, após o derretimento, representa uma grande contribuição nos corpos de água e no aumento da umidade do solo. A água de chuva ou de irrigação que cai sobre as culturas agrícolas é principalmente absorvida pelo solo. O processo pelo qual a água penetra pela superfície do solo é denominado *infiltração*. Dependendo da cobertura vegetal e da inclinação do terreno, parte da água escorre pela superfície do solo. Esse processo é denominado *deflúvio superficial, escoamento superficial, enxurrada* ou *runoff*. Trata-se de perda de água no que se refere à agricultura, e sua intensidade determina a *erosão do solo*.

Cessado o processo de infiltração, o movimento de água continua dentro do solo, processo denominado *redistribuição da água*. Se esse movimento atingir profundidades maiores, abaixo da zona radicular das plantas, a água é perdida novamente, do ponto de vista agrícola. Esse processo é denominado *drenagem profunda* ou *drenagem interna*. Como a água arrasta consigo íons e compostos solúveis, há, também, perda de nutrientes. Ao processo de perdas químicas dá-se o nome de *lixiviação*.

Durante a infiltração, redistribuição e drenagem interna, a água também é absorvida pelas plantas; nelas se transloca, e a maior parte é devolvida à atmosfera pelo processo de *transpiração*. As superfícies do solo e dos corpos de água (barragens, rios, lagos etc.) também devolvem água à atmosfera pelo processo de *evaporação*. Para esses processos, transpiração e evaporação, é necessária a entrada de energia. Ela é necessária para levar a água do estado líquido ao estado de vapor e, obviamente, vem do Sol. Como na maioria dos casos os dois processos ocorrem simultaneamente, utiliza-se o termo *evapotranspiração*. O vapor de água na atmosfera entra nos processos de circulação geral e, às vezes, passa a participar da formação de nuvens. Destas, ele volta ao sistema na forma de chuva, granizo ou neve, e o ciclo se fecha. Todos os processos mencionados são espontâneos e a água sempre procura estados de energia menores. Mas, como dissemos, na evapotranspiração, entra energia solar, dando continuidade ao ciclo. Por isso a água é um recurso renovável. Em situações especiais, porém, o ciclo pode se quebrar ou ser retardado/acelerado, e as consequências agronômicas podem ser imprevisíveis: desertificação, inundações, voçorocas, erosão, extensos períodos de seca etc.

Na Parte III deste livro, abordamos detalhes das diferentes partes desse ciclo. Pelos títulos dos capítulos seguintes isso pode ser verificado.

11 Infiltração da água no solo

COMO A ÁGUA INFILTRA NO SOLO

A água da chuva, da irrigação e até mesmo da neve ao derreter se infiltra através da superfície do solo. Parte dela pode escorrer pela superfície quando a capacidade de infiltração máxima é atingida. Denomina-se *infiltração* o processo pelo qual a água entra no solo e perdura enquanto houver disponibilidade de água em sua superfície. Esse processo é de grande importância prática, pois sua taxa (ou velocidade), muitas vezes, determina o deflúvio superficial (*runoff*) ou enxurrada, responsável pelo fenômeno da erosão durante precipitações pluviais. A infiltração é responsável ainda pelo balanço de água na zona das raízes e, por isso, o conhecimento desse processo e de suas relações com as propriedades do solo é de fundamental importância para eficientes manejo e conservação do solo e da água.

A fim de estudar o processo e as leis que o regem, tomaremos, inicialmente, o caso mais simples – o dos solos homogêneos, peneirados, de estrutura constante, dispostos em colunas de laboratório para melhor observar o processo. Depois estenderemos nossos conhecimentos para como os solos se apresentam em condições de campo, estratificados, com variações de composição e de densidade. Faremos também a distinção entre os diferentes sentidos em que a infiltração pode ocorrer. Quando ocorre infiltração na direção horizontal, o potencial gravitacional não entra em jogo, pois não há diferenças desse potencial ao longo de uma horizontal; quando ocorre infiltração vertical, em que o potencial gravitacional pode ter participação preponderante, a água tem a tendência natural de descer e de se aprofundar no solo.

A INFILTRAÇÃO DA ÁGUA NO SENTIDO HORIZONTAL

Para entender o processo da infiltração horizontal em um solo homogêneo, vamos estudá-lo em uma situação controlada de laboratório. Considera-se uma coluna de solo uniforme, de densidade constante, na posição horizontal, de seção transversal constante, comprimento infinito (bastante longa, a ponto de ser possível concluir a análise antes da água alcançar o fim da coluna) e com uma umidade inicial bem baixa e constante (θ_i), como a coluna indicada na Figura 11.1.

Essas colunas são montadas com solo seco peneirado, dispondo-o em um tubo de acrílico que permite a observação visual das diferenças entre o solo seco (mais claro) e o solo molhado (mais escuro). O processo de infiltração é realizado com auxílio de um frasco de Mariotti, como indica a Figura 11.1. A vantagem desse frasco é que a água sai dele à pressão constante, no caso a uma sucção h (-h), possibilitando a medição de seu volume. O frasco tem um orifício onde atua a pressão atmosférica, pelo qual entra ar à medida que a água sai. A P_{atm} externa é balanceada pela pressão interna P_{atm} (no ar dentro do frasco) menos h_L (altura do líquido dentro do frasco), de tal forma que a coluna h_L não atua. A sucção h é um pouco maior que o raio da coluna; se, por exemplo, o raio da coluna for de 2,5 cm, pode-se usar h = -4 cm. Essa sucção, em termos de potencial matricial do solo, é muito pequena, considerada desprezível, mas garante que a infiltração se dê praticamente à pressão atmosférica, como é o caso mais comum na natureza.

A sucção é importante para que o processo de infiltração ocorra naturalmente, sem que haja vazamentos de água, o que acontece com infiltrações sob carga positiva, mesmo que desprezível. Iniciado o processo da infiltração, pode-se observar o avanço da frente de molhamento pela distinção entre a cor do solo seco e a cor do solo molhado. A posição x_f dessa frente pode ser anotada em diferentes tempos, o que torna possível, assim, o estudar do processo de infiltração para diferentes solos. Observa-se que, para solos de textura mais arenosa, o avanço da frente é mais rápido que em solos mais argilosos. Nota-se ainda que o processo é desacelerado, isto é, sua velocidade vai diminuindo com o tempo; e mais: que essa desaceleração é proporcional à raiz quadrada do tempo. Assim, por exemplo, se, em dado caso, a infiltração até uma distância de 10 cm aconteceu em 100 min (cuja raiz quadrada é 10), vai levar 400 min (cuja raiz quadrada é 20) para infiltrar os próximos 10 cm (total de 20 cm), e assim por diante até que, para infiltrações muito profundas, a água praticamente para.

Na parte de solo molhado da Figura 11.1, sua umidade não é constante e apresenta perfis do tipo mostrado na Figura 11.2 para três tempos distintos. Pode-se demonstrar que as áreas abaixo dos perfis de umidade, indicadas por I_1, I_2 e I_3, são numericamente iguais à infiltração acumulada I, isto é, o acumulado da água que infiltrou no solo em mm. Esses perfis de umidade são de difícil medição e, por isso, foram desenvolvidas várias equações para seu cálculo. A infiltração também é um processo desacelerado e diminui com a raiz quadrada do tempo, acompanhando o avanço da frente de molhamento.

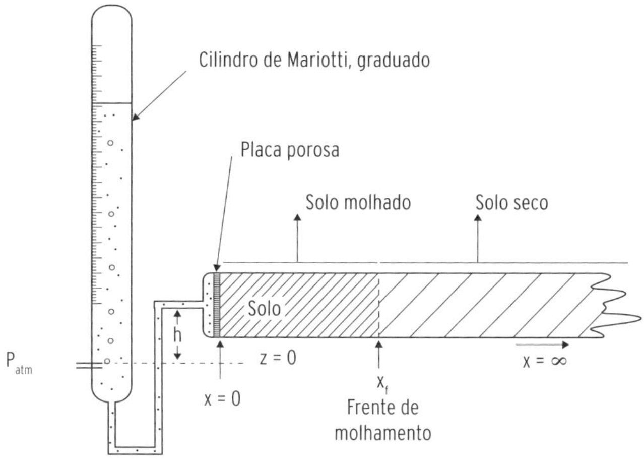

Figura 11.1: Infiltração horizontal.

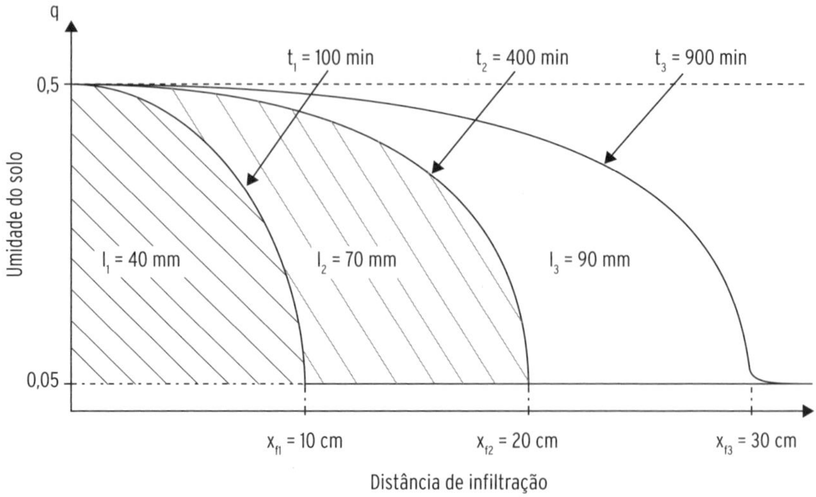

Figura 11.2: Gráfico de θ *versus* x durante infiltração horizontal, para três tempos de infiltração, t_1, t_2 e t_3, indicando as três infiltrações acumuladas, I_1, I_2 e I_3.

A INFILTRAÇÃO DA ÁGUA NO SENTIDO VERTICAL

Na infiltração da água em uma coluna de solo homogêneo montada na posição vertical, como ilustra a Figura 11.3, o potencial gravitacional entra em jogo e o avanço da frente de molhamento torna-se mais rápido em comparação ao caso horizontal. Na Figura 11.4 são apresentados perfis de umidade para três tempos de infiltração. Esses perfis são típicos: quanto mais arenoso o solo (ou, em geral, para tempos longos), mais o perfil fica vertical e sua frente, mais abrupta. Por isso, a camada de solo com θ praticamente constante foi denominada zona de transmissão (ZT), que vai aumentando com o passar do tempo. Na ZT, o solo já está molhado e a água só é translocada. O plano em que a água encontra o solo seco com umidade θ_i, na profundidade z_f, é a frente de molhamento, que também vai avançando com o passar do tempo. A camada entre ZT e z_f é a zona de molhamento (ZM), de espessura quase constante. Uma comparação entre as Figuras 11.2 e 11.4, cuja diferença é a posição horizontal e vertical, mostra que, para os mesmos tempos de 100, 400 e 900 min, as infiltrações horizontais são, respectivamente, menos profundas (10, 20 e 30 cm) que as verticais (12, 30 e 52 cm) pelo efeito da gravidade.

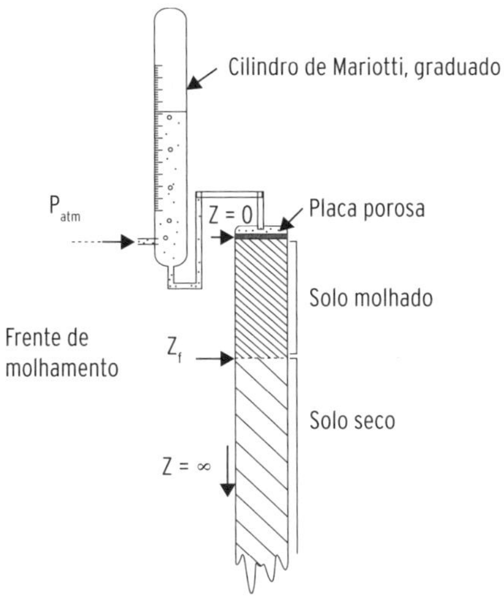

Figura 11.3: Coluna de laboratório ilustrando infiltração vertical.

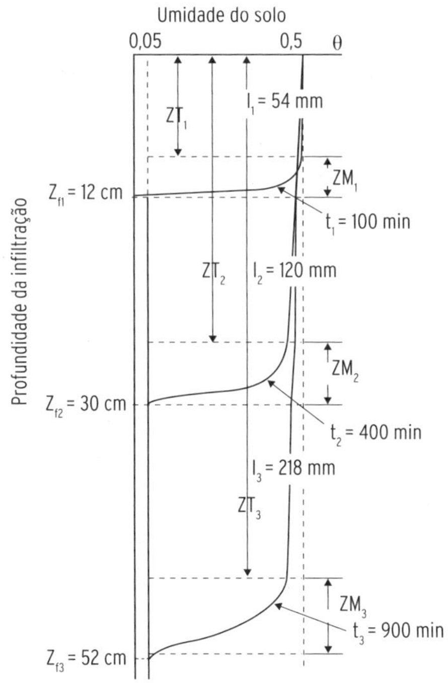

Figura 11.4: Perfis θ *versus* z para três tempos de infiltração, t_1, t_2 e t_3, mostrando as zonas de transmissão (ZT), as zonas de molhamento (ZM) e as frentes de molhamento (z_f).

Assim como ocorre na infiltração horizontal, a velocidade de infiltração também decresce com o tempo, mas não proporcionalmente à raiz quadrada do tempo, e, sim, mais rapidamente. Ela se estabiliza no valor da condutividade hidráulica saturada (K_0) (ver Capítulo 8) para tempos muito longos. Na Figura 11.5 são apresentados gráficos da taxa de infiltração (i) em função do tempo (t) para dois solos extremos, um arenoso de alto K_0 e outro argiloso de baixo K_0. Verifica-se, nessa figura, que a velocidade de infiltração cai rapidamente para um solo arenoso, atingindo um valor constante K_0 superior ao valor que atinge um solo argiloso, e muito mais tarde.

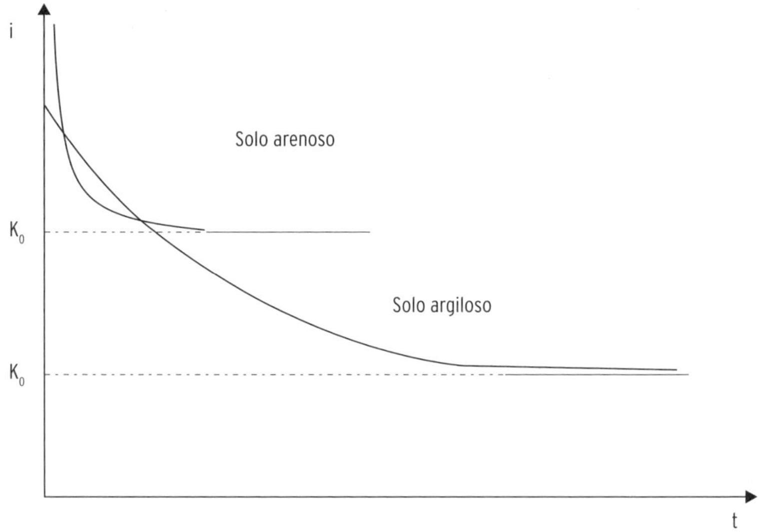

Figura 11.5: Velocidade de infiltração (i) vertical para dois solos de texturas diferentes em função do tempo (t).

A infiltração vertical descrita restringe-se apenas ao movimento da água de cima para baixo, a favor da gravidade. Além desse processo, seria possível considerar a infiltração vertical ascendente, de baixo para cima, contra a gravidade, comumente denominada ascensão capilar. Ela é mais lenta que a horizontal. A água se move de baixo para cima, contra a gravidade, porque o potencial matricial nas porções acima é maior que o gravitacional.

INFILTRAÇÕES EM CONDIÇÕES DE CAMPO

No campo, a infiltração pode ocorrer em todos os sentidos. Um caso típico é o da irrigação por sulcos. Na Figura 11.6 há o esquema de um corte transversal do avanço da frente de molhamento durante a irrigação por sulcos de dois solos inicialmente secos.

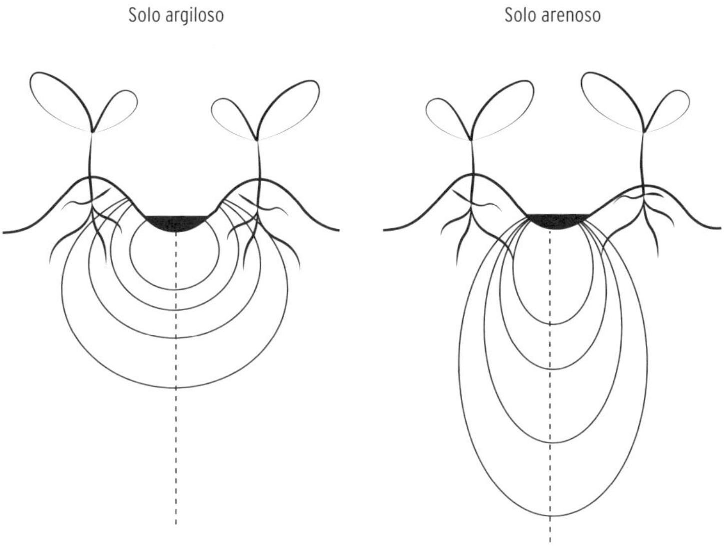

Figura 11.6: Irrigação por sulcos em dois solos de texturas extremas: avanço da frente de molhamento.

Como, para o solo argiloso, a gravidade torna-se importante apenas depois de certo tempo, a água avança praticamente com a mesma velocidade em todas as direções, e o corte do sulco indicado na Figura 11.6 mostra um avanço praticamente circular, isto é, de mesma intensidade nas três dimensões. Já no caso do solo arenoso, logo de início a gravidade atua, e o movimento vertical, de cima para baixo, é o mais pronunciado; o de baixo para cima, que vai molhar a planta no topo do canteiro, é o mais lento.

Considerações semelhantes poderiam ser feitas para a irrigação por gotejo e para a "subirrigação" com manilhas porosas. Já no caso da irrigação por aspersão, como é tipicamente feito com pivôs centrais, a infiltração é essencialmente na vertical (Figura 11.7).

Figura 11.7: Cafezal irrigado por pivô central em Luis Eduardo Magalhães, Bahia, cuja área coberta é de, aproximadamente, 80 hectares.

Fonte: cortesia de Isabeli Pereira Bruno.

Apesar de se poder aplicar os mesmos princípios gerais que governam o movimento de água em solos uniformes a solos heterogêneos, a descrição analítica da infiltração em solos heterogêneos é muito mais difícil. Uma séria complicação é o fato da condutividade hidráulica do solo passar a ser função da coordenada de posição, isto é, da distância x ou y.

Vimos que a velocidade de infiltração (i) diminui com o tempo, tendendo a zero no caso da infiltração horizontal e tendendo a K_0 (condutividade hidráulica do solo saturado) no caso vertical. Durante uma chuva ou irrigação, se o solo estiver razoavelmente seco, no início do processo de infiltração, quase toda água se infiltra, independentemente da intensidade da chuva ou da irrigação. Seja, por exemplo, um solo com $K_0 = 50$ mm.h^{-1}. Mesmo com intensidade de chuva de 100 mm.h^{-1} (o que é pouco comum), nos primeiros minutos de infiltração, o solo absorve toda a água. Com a diminuição de i ao longo do tempo, pode acontecer que a intensidade da chuva seja maior que i. Nesse caso, parte da água escoa pela superfície do solo. Trata-se do deflúvio superficial, responsável pela erosão do solo. A chuva não pode ser controlada, mas a irrigação sim. Por isso K_0 (chamado de velocidade de infiltração básica – VIB – na área de irrigação) é um parâmetro importante no delineamento de sistemas de irrigação. Pelo processo de aspersão, a intensidade de irrigação não deve ser maior do que K_0, a não ser por curto tempo. Assim, tem-se a segurança de que, mesmo com irrigações de longa duração, não há perdas por deflúvio superficial.

Em irrigações por sulcos e por inundação, o caso já é diferente. Como a água precisa escoar para atingir o fim do sulco ou cobrir o tabuleiro, ela deve, inicialmente, ser administrada em taxas bem maiores que K_0. Taxas muito grandes causam erosão do solo do fundo e das paredes laterais do sulco e taxas muito pequenas, perdas por infiltração profunda. Nesses cálculos, considera-se o tipo de solo, a declividade do terreno, o espaçamento entre os sulcos, o comprimento de sulco etc., e o parâmetro mais importante é K_0.

EXERCÍCIOS

1. Por que a infiltração de água no solo se desacelera com o tempo?
2. Por que a determinação da condutividade saturada do solo é importante em projetos de irrigação?
3. O plantio direto controla a erosão hídrica?
4. A infiltração de 5 mm de água corresponde à 50.000 L por ha?

12 Redistribuição da água no solo

CESSADA A INFILTRAÇÃO DA ÁGUA NO SOLO, ELA AINDA NÃO ESTÁ EM EQUILÍBRIO

Quando cessa a chuva ou a irrigação e a reserva de água da superfície do solo se esgota, o processo de infiltração chega ao fim. O movimento de água dentro do perfil, no entanto, não para e pode, muitas vezes, persistir por muito tempo. A camada de solo quase ou totalmente saturada não retém toda a água da chuva ou da irrigação. Parte dela se move para baixo, isto é, para camadas mais profundas, sobretudo sob influência do potencial gravitacional, podendo também se mover segundo gradientes de outros potenciais porventura presentes. Esse movimento pós-infiltração é denominado drenagem interna ou redistribuição da água. Ele se caracteriza por aumentar a umidade de camadas mais profundas às expensas de água contida nas camadas superficiais inicialmente umedecidas.

Em alguns casos, a velocidade de redistribuição diminui rapidamente, tornando-se desprezível após alguns dias, de tal forma que se tem a impressão de que o solo retém essa água. Concomitantemente, a água do solo é evaporada na superfície ou retirada do perfil pelas raízes das plantas. Em outros casos, a redistribuição é lenta e pode continuar em uma velocidade não desprezível – apesar de diminuir com o tempo – por muitos dias, e até mesmo por semanas.

A água que atravessa a zona radicular do solo, na verdade, não é perdida, ela vai contribuir para a recarga do lençol freático e se torna uma reserva futura de grande importância. Vale a pena mencionar agora que, em nossas cidades, os cidadãos estão cobrindo seus jardins e quintais com materiais impermeáveis de tal forma que pouca água se infiltra e a maior quantidade escorre na forma de enxurrada, causando grandes enchentes nas baixadas. Além disso, como nesses casos uma menor quantidade de água se infiltra, a drenagem interna também fica reduzida e sua contribuição para riachos, ribeirões e rios diminui significativamente. O rio Piracicaba, por exemplo, após uma boa chuva, aumenta consideravelmente sua vazão, mas esta se mantém por poucos dias, por falta de contribuição dos afluentes, resultado da baixa infiltração de água no solo.

A importância do processo deveria ser autoevidente, pois ele determina a quantidade de água retirada a cada instante pelas diferentes camadas do perfil de solo, água essa que ficaria disponível às plantas. A velocidade e a duração do processo determinam a capacidade efetiva de armazenamento de água do solo, propriedade de vital importância para suprir a necessidade de água das plantas. Como veremos mais tarde, a capacidade de campo – característica física de cada solo, representante do armazenamento de água do solo ao fim da drenagem – não é uma quantidade fixa ou uma propriedade estática do solo, mas, sim, um fenômeno temporário, determinado pela dinâmica do movimento de água no solo.

Na ausência de lençol freático e de camadas de impedimento, sendo o solo suficientemente profundo, o perfil típico de umidade no fim do processo de infiltração consiste de uma camada úmida superior e de uma zona inferior não molhada, como indicado na Figura 12.1, para o instante $t_o = 0$ (fim da infiltração). A velocidade inicial de redistribuição depende da profundidade da camada molhada na infiltração, bem como da umidade da zona seca mais profunda e da condutividade hidráulica do solo nas diversas umidades. Se a camada inicialmente molhada for pouco profunda e o solo da parte inferior estiver mais seco, os gradientes de potencial serão altos e a velocidade de redistribuição será também relativamente alta. Por outro lado, se a camada inicialmente molhada for profunda e se o solo abaixo estiver relativamente úmido, o gradiente de potencial matricial será baixo e o processo de redistribuição será mais lento e ocorre, principalmente, sob a influência da gravidade. Note-se ainda, na Figura 12.1, que a água de irrigação ultrapassa a profundidade utilizada no cálculo da irrigação e, por isso, nos cálculos de lâminas de irrigação leva-se em conta esse avanço.

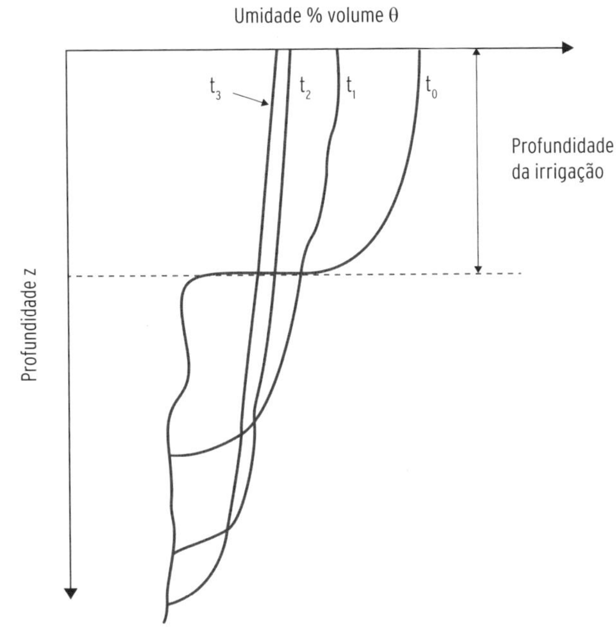

Figura 12.1: Perfis de umidade do solo durante o processo de redistribuição, logo após uma irrigação.

Em qualquer um dos casos, a velocidade de redistribuição decresce com o tempo, por dois motivos: as variações de potencial matricial entre as zonas úmidas e secas diminuem à medida que as primeiras perdem e as últimas ganham água; e à medida que a zona úmida perde água, sua condutividade hidráulica cai bruscamente.

Ambos os motivos levam a velocidade da redistribuição a diminuir com o passar do tempo, e o fluxo de água decresce rapidamente. O avanço da frente de molhamento decresce de maneira análoga. Durante o processo de infiltração, ela é bem definida e, gradualmente, se dissipa durante a redistribuição.

O processo de redistribuição é usado pelos pesquisadores para a determinação da condutividade hidráulica (K) do solo no campo. Esses métodos de determinação de K são complexos e exigem tratamento matemático que não será abordado aqui. Mas é importante deixar claro que o parâmetro K é fundamental para a descrição do movimento da água no solo. A Figura 12.2 ilustra uma determinação de K no campo, em terreno em declive, e mostra a sofisticação do instrumental empregado, principalmente dos tensiômetros descritos no Capítulo 7. A Figura 12.3 ilustra uma determinação da condutividade hidráulica saturada (K_0), que é o valor máximo de K, importante em muitas aplicações.

Figura 12.2: Parcelas inundadas para a medida da condutividade hidráulica do solo. À frente, baterias de manômetros de mercúrio (ver Figura 7.3, Capítulo 7) dos tensiômetros instalados na parte central.

Figura 12.3: Medida da condutividade hidráulica do solo saturado (K_0) com cilindro instalado dentro de parcela inundada. À frente do cilindro, tubo de acesso de sonda de nêutrons (ver Figura 7.7, Capítulo 7) para medida de umidade do solo.

A CAPACIDADE DE CAMPO

Desde cedo, observou-se que o fluxo de água e a velocidade das variações da umidade do solo decrescem com o tempo após o processo de infiltração. Verificou-se que o fluxo se torna desprezível ou cessa depois de alguns dias. A umidade do solo na qual a drenagem interna praticamente cessa é denominada capacidade de campo (CC) e foi, por longo tempo, assumida universalmente como propriedade física do solo, característica e constante para cada solo.

O conceito de CC foi derivado, originalmente, de observações pouco precisas da umidade do solo no campo, época em que medidas e amostragens necessariamente limitavam a precisão e a validade dos resultados. Muitos pesquisadores procuraram explicá-la em termos de um equilíbrio estático. Assumiu-se, comumente, que a aplicação de certa quantidade de água no solo preencheria o déficit à CC, até uma profundidade bem definida, além da qual a água não penetraria. Assim, por exemplo, calcula-se a quantidade de água a ser aplicada por irrigação na base do déficit à CC da camada de solo a ser irrigada.

Recentemente, com o desenvolvimento das teorias do movimento da água no solo e com as técnicas experimentais mais precisas de medida, o conceito de CC, como definido em sua origem, tem sido considerado arbitrário e não como uma propriedade intrínseca do solo, independentemente do modo de sua determinação.

Lá no final da década de 1940, Veihmeyer e Hendrickson (1949, p. 75) definiram a CC como

> a quantidade de água retida pelo solo após a drenagem de seu excesso, quando a velocidade do movimento descendente praticamente cessa, o que usualmente ocorre dois a três dias após a chuva ou irrigação, em solos permeáveis de estrutura e textura uniformes.

Mas, já na década de 1960, esse conceito começou a ser discutido, principalmente pela dificuldade de se julgar quando a redistribuição praticamente cessa ou se torna desprezível. É óbvio que os critérios para tal determinação são subjetivos e dependem muito da frequência e da precisão de medição da umidade do solo. A definição prática de CC (teor de água da camada inicialmente umedecida alguns dias após a infiltração) não leva em conta fatores como a umidade do solo antes da infiltração, profundidade de molhamento, quantidade de água aplicada, heterogeneidade do perfil etc.

O processo de redistribuição é, na verdade, contínuo e não mostra interrupções abruptas ou níveis estáticos. Apesar de sua velocidade decrescer com o tempo, o processo continua indefinidamente, e a tendência ao equilíbrio ocorre apenas depois de longo período.

Os solos aos quais o conceito mais se aplica são os solos de textura mais grosseira, nos quais a condutividade hidráulica decresce rapidamente com a diminuição da umidade do solo e o fluxo torna-se, rapidamente, muito baixo. Em solos de textura média e fina, entretanto, o processo de redistribuição pode persistir de maneira apreciável por vários dias e, mesmo, por meses.

A velocidade de saída da água de uma dada camada de um perfil de solo depende de sua textura, condutividade hidráulica e da composição e estrutura do perfil todo, pois a presença de uma camada limitante ao fluxo, em qualquer posição dentro do perfil, retarda a saída de água de todas as camadas acima. Assim, torna-se claro que a capacidade de armazenamento de água de um solo não está apenas relacionada ao tempo, mas também à composição textural, sequência de camadas de propriedades físicas distintas, umidade inicial etc.

Um exemplo extremo de variabilidade de dados de CC é apresentado na Tabela 12.1, para um solo com um horizonte B textural, de condutividade hidráulica aproximadamente dez vezes menor que o horizonte superficial. Como é possível verificar, três irrigações, com diferentes lâminas de água, aplicadas ao mesmo solo em idênticas condições iniciais, levam a três valores distintos de CC, todos diferentes do resultado de umidade obtido em laboratório a uma tensão de 1/3 atm ou 330 cm H_2O, clássico valor adotado para solos de textura fina (solos argilosos).

Tabela 12.1: Valores de umidade θ e potencial matricial h na capacidade de campo em um solo com um horizonte B textural em três irrigações diferentes com tipos diversos de lâminas de irrigação.

CASO	UMIDADE θ NA CAPACIDADE DE CAMPO ($cm^3 . cm^{-3}$)	POTENCIAL MATRICIAL h NA CAPACIDADE DE CAMPO (atm)
I	0,25	-0,41
II	0,36	-0,12
III	0,32	-0,38
Laboratório	0,30	-0,33

Apesar de tudo, o conceito de CC é considerado por muitos um critério prático e útil para o limite superior de água que um solo pode reter. Nessas condições, a CC deve, necessariamente, ser determinada no campo, e o interessado deve estar ciente de suas limitações. Os valores dos vários métodos de laboratório que, mesmo assim, foram propostos, como valores obtidos na placa de pressão a 1/10 ou a 1/3 atm (100 ou 330 cm H_2O), podem não representar a CC medida no campo. Esses critérios de laboratório são estáticos, e o processo de redistribuição no campo é, em essência, dinâmico. Como pode uma amostra de 10 g, colocada num aparelho de laboratório com placa porosa sob determinada pressão, representar um perfil de solo de camadas heterogêneas? Apenas em algumas circunstâncias ela pode representar o perfil, mas é, fundamentalmente, errado esperar que tal critério seja universalmente válido. No Capítulo 14 continuaremos a discutir esse ponto, incluindo, ainda, a interferência da planta.

Muitos autores usam o mesmo conceito de CC para solos em vaso, com a mesma denominação. Quando um solo de um vaso é saturado e, depois, deixado drenar, mesmo perfurado no fundo, por causa da descontinuidade do fundo, a umidade de equilíbrio (quando a água para de pingar do vaso) é muito maior que o valor da umidade na capacidade de campo (θ_{cc}) e não há termos de comparação. O melhor é denominar esse novo valor de capacidade de vaso.

De maneira geral, solos de textura mais fina, com maiores proporções de silte e argila, possuem maior capacidade de armazenagem de água. Como discutido no Capítulo 3, o tipo de argila é de grande importância na retenção de água. Argilas do tipo 2:1, como a vermiculita e a montmorilonita, têm ótimas propriedades de retenção de água; as do tipo 1:1, como a caulinita, têm piores propriedades de retenção de água. Os alfisois e oxisois, que ocupam largas extensões de nosso território, são solos que possuem baixa absorção de água pela baixa presença de argilas do tipo 2:1. Como suas propriedades de retenção poderiam ser melhoradas? Esse é um velho problema da Física de solos que nunca foi resolvido com sucesso total.

A adição de matéria orgânica, na forma de adubo verde, de estrume ou de composto, é uma das soluções parciais que aumentam a capacidade do solo de reter água. O problema é sempre a quantidade a ser aplicada, que, em geral, é grande, tornando a operação de transporte e incorporação da matéria orgânica inviável. Porém, para culturas intensivas na horticultura e floricultura, de alto valor econômico, essa solução é bem viável. Ela traz ainda a vantagem de aumentar o nível dos nutrientes do solo, em especial de nitrogênio, fósforo e enxofre.

Outra possibilidade de ação para auxiliar no aumento da capacidade de retenção de água pelo solo é a adição de condicionadores de solo, constituídos de emulsões betúmicas ou de minerais, como a vermiculita expandida, encontrada em grande quantidade em minas, praticamente à superfície do solo. Esse mineral primário recebe um tratamento térmico (cerca de 700°C), durante o qual se expande, passando a um volume dez vezes maior. Ele tem as mesmas características do mineral secundário vermiculita, de estrutura igual (mas não no tamanho da argila) e, por isso, quando adicionado ao solo, não aumenta tanto sua capacidade de retenção de água. Mais uma vez, os obstáculos para essa ação são custo, quantidade a ser incorporada etc. Esses materiais são, hoje, bastante empregados em misturas comerciais de substrato para a produção de mudas. Atualmente, resíduos agrícolas, tais como cinza de casca de arroz, casca de pínus moída e outros, têm sido testados no intuito de aumentar a capacidade de um solo de armazenar água.

EXERCÍCIOS

1. Cessada a infiltração, por que a água não para de se aprofundar?
2. Por que a capacidade de campo é um conceito tão controverso?
3. Por que a capacidade de campo de um solo argiloso é bem maior que a de um solo arenoso?

13 Como a água passa do solo para a atmosfera

EVAPORAÇÃO E EVAPOTRANSPIRAÇÃO

O termo *evaporação* é usado para a passagem da água do estado líquido para o gasoso a temperaturas abaixo do ponto de ebulição da água, que é 100 °C. Em Agronomia, incluem-se aí dois processos distintos, um para superfícies inanimadas e outro para superfícies vivas. Na evaporação de superfícies inanimadas, como a água de um solo úmido ou de um reservatório, barragem ou lago, o processo é regido por leis puramente físicas. A esse processo se reserva o termo *evaporação*. Já na evaporação da água através de superfícies vivas, como a de uma folha de planta ou a da pele de um animal, fenômenos biológicos limitam as leis físicas. A esse processo se reserva o termo *transpiração*. Quando ambos ocorrem simultaneamente – como em uma cultura vegetal, com perda de água pelo solo e pela planta –, utiliza-se o termo *evapotranspiração*.

A perda de água do solo por evaporação através de sua superfície ou por transpiração pelas plantas é um parâmetro importante no ciclo hidrológico, em especial nas áreas cultivadas. Lembrando que 1 mm corresponde a 1 $L.m^{-2}$, uma evapotranspiração de 10 mm por dia, comum na floresta amazônica, corresponde a 100.000 $L.ha^{-1}.dia^{-1}$ e a milhões de m^3 de água para a bacia amazônica inteira, que passam para a atmosfera, um volume muito maior que a própria vazão na foz do rio Amazonas. Para cada grama de nutrientes absorvido do solo pela planta, centenas de gramas de água precisam ser absorvidas e transpiradas. Por essa razão, a transpiração é, com frequência, chamada de evaporação produtiva, a fim de contrastá-la da evaporação da água do solo, chamada de evaporação não produtiva. Porém, essa evaporação da água pela superfície do solo pode, em casos especiais, ser, do ponto de vista quantitativo, de grande importância.

O processo de evaporação da água consiste de sua passagem do estado líquido para o gasoso, a temperaturas abaixo do ponto de ebulição da água. Em se tratando de mudança de estado, é um processo que exige energia, no caso o calor latente de evaporação (L), que é tanto maior quanto mais fria estiver a água. Não confundir este L com litro. Como as quantificações dos processos têm sido aqui feitas por unidade de área, em geral o m^2 ou o ha, utiliza-se o "equivalente de evaporação", que é o valor L expresso em Joules por milímetro ($J.mm^{-1}$) de água evaporada. Dessa forma, a comparação da evaporação com precipitação, irrigação, armazenamento, fica facilitada.

A massa de 1 g de água pode ser representada por um cubo de 1 cm^3 (1.1.1 cm) com superfície superior de 1 cm^2. Assim, quando 1 grama de água de um reservatório é evaporado, perde-se uma altura de 1 cm ou 10 mm. Dessa forma, para o intervalo $10\,°C < T < 30\,°C$, tomando-se o valor médio de L = 2.450 $J.g^{-1}$, resultam 245 $J.mm^{-1}$. Essa energia vem da radiação solar que, por isso, é fator importante no processo.

Como visto no Capítulo 5, que versa sobre a atmosfera, a umidade do ar também é importante. Se o déficit de saturação for grande, a evaporação é estimulada e, quando nulo, o que representa um ar saturado (UR = 100%), o processo de evaporação cessa, ou melhor, entra em equilíbrio dinâmico, em que o número de moléculas de água que passa para a fase gasosa é igual ao número que retorna ao estado líquido. O vento afeta a evaporação, acelerando-a, com a entrada de ar mais seco, ou retardando-a, com a entrada de ar mais úmido. A movimentação atmosférica mantém, portanto, um "poder evaporante", isto é, capacidade de secamento das superfícies, mesmo à sombra, sem a presença de radiação solar. Nesse caso, o calor latente (L) é retirado, por difusão (calor sensível), do ar que circunda a superfície ou da própria superfície. É por isso que, por exemplo, ao sairmos de um banho de chuveiro, mesmo em um dia quente, sentimos frio.

Na planta, além dos fatores expostos, há os fatores biológicos, sobretudo o controle dos estômatos.

EVAPORAÇÃO EM UM SOLO NU

O processo de evaporação de um solo nu se dá em três estágios distintos. O primeiro estágio ocorre quando o solo está bem úmido, em torno da capacidade de campo (CC), e é caracterizado por uma velocidade de evaporação (E) constante e independente da umidade do solo (nesse intervalo de umidades), como mostra a Figura 13.1. Nesse estágio, a evaporação depende das condições reinantes na atmosfera próximo do solo, como energia radiante, velocidade do vento, temperatura e umidade do ar. São as condições da atmosfera que definem o valor de E. Alta radiação solar, baixa umidade do ar e vento intenso aceleram o processo de evaporação. Nesse estágio, as condições de solo são favoráveis para atender à demanda da atmosfera, pois a condutividade (K) do solo é alta e permite um fluxo de água que supre a demanda atmosférica.

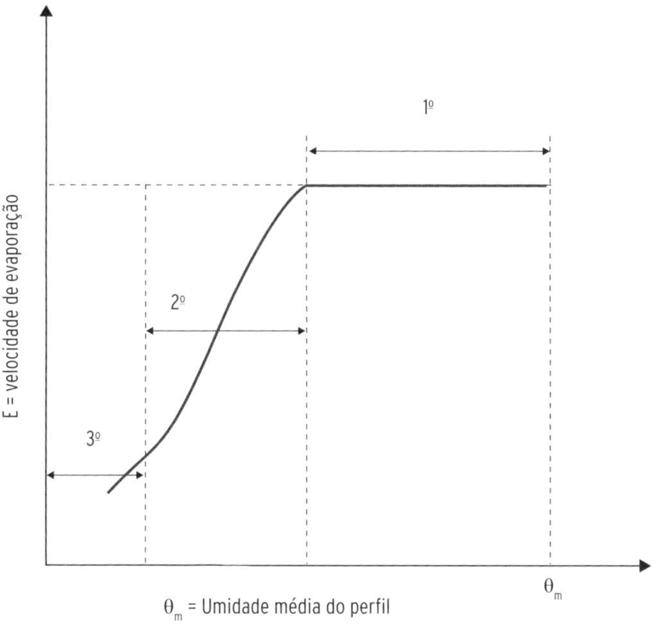

Figura 13.1: Estágios do processo de evaporação de um solo nu.

O primeiro estágio termina quando se estabelece resistência do solo ao fluxo de água em sua superfície, e a velocidade de evaporação deixa de ser constante, decrescendo com o tempo. No segundo estágio, E é uma função linear da umidade do perfil do solo (θ) e as condições reinantes externamente perdem importância, enquanto condições intrínsecas do solo passam a governar o transporte de água no perfil e, em consequência, a velocidade de evaporação.

Quando a função que correlaciona E com θ começa a perder a linearidade e o solo já se encontra bem seco, inicia-se o terceiro estágio do processo. Esse estágio caracteriza-se por um movimento bastante lento da água, decorrente da baixa condutividade hidráulica do solo, dando-se, sobretudo, na fase de vapor.

Estudos do processo de evaporação de água em solos mais arenosos mostram que o primeiro estágio é tanto mais demorado quanto menor for a velocidade de evaporação. Como consequência, baixas velocidades de evaporação esgotam mais a água do solo, isto é, quanto menor a velocidade de evaporação, menor a umidade média do perfil no fim do primeiro estágio. Esses estudos, resumidos nas Figuras 13.2 e 13.3, mostram, por meio das colunas 1, 2 e 3, que quanto maior a demanda atmosférica (0,5 $mm.h^{-1}$ para coluna 1; 0,3 e 0,1 para colunas 2 e 3), menor é o primeiro estágio.

Nota-se, na coluna 1, que a alta taxa de evaporação acaba deixando o solo mais úmido e que baixas taxas de evaporação (coluna 3) esgotam mais a água do solo. A coluna 4 possuía uma camada de agregados de diâmetro entre 1 e 2 mm. Como essa camada secou rapidamente por causa de sua alta porosidade, praticamente não percebeu o primeiro estágio, pelo fato de imediatamente formar-se uma crosta seca de agregados de baixo valor de K. Nesse estudo, o autor também verificou que uma camada de 0 a 5 mm de espessura condicionou a evaporação da água dos solos estudados após o primeiro estágio. Na prática, essas constatações explicam por que as capinas superficiais com enxada fazem com que a superfície do solo seque rapidamente na presença do Sol e a evaporação da água do solo seja drasticamente reduzida.

EVAPORAÇÃO POTENCIAL

Pode-se definir como evaporação potencial aquela que se dá em uma superfície de água, exposta livremente às condições de radiação solar, umidade do ar e vento. Se houver grande disponibilidade de água no solo, sua

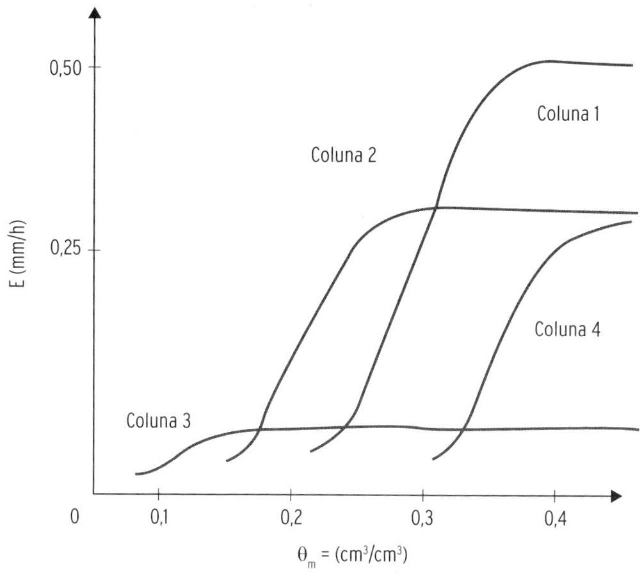

Figura 13.2: Esquema da variação da velocidade de evaporação da água do solo em função da umidade média da coluna de solo pela taxa de demanda atmosférica (alta, da ordem de 0,5 mm/h; média, 0,3 mm/h; e baixa, 0,05 mm/h).

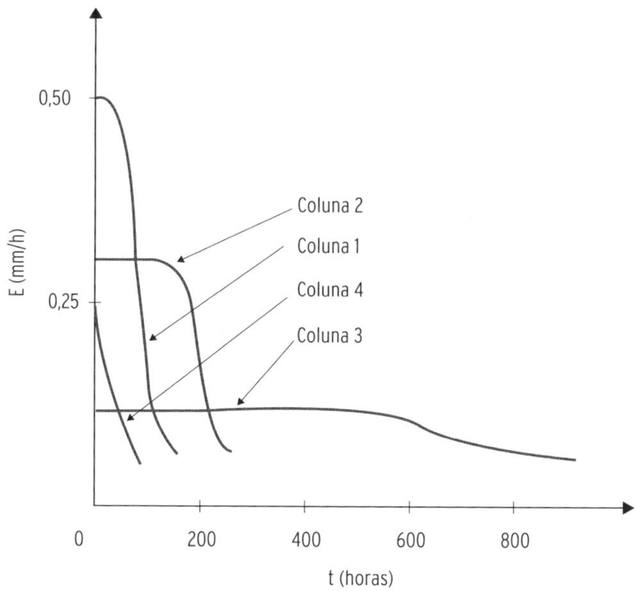

Figura 13.3: Variação da velocidade de evaporação da água do solo em função do tempo.

evaporação também é, comumente, denominada potencial. A evaporação potencial (E_p) de um solo é a máxima perda de água que um solo pode sofrer, por evaporação, quando submetido a determinadas condições meteorológicas. Se não houver suficiente disponibilidade de água, a evaporação deixa de ser potencial e passa a ser chamada de evaporação real (E_r). De maneira geral, podemos dizer que $E_r \leq E_p$.

Para o caso do solo, durante o primeiro estágio de evaporação, ocorre E_p. Como já dito, essa é função das condições meteorológicas reinantes sobre a superfície evaporante. Nos demais estágios, ocorre a E_r.

EVAPOTRANSPIRAÇÃO EM SOLO VEGETADO

Se houver plantas, a água também é retirada do solo pelas raízes nas profundidades onde elas estão. Nesses casos, fala-se em evapotranspiração. A discussão anteriormente apresentada em relação ao solo sem planta é também aqui válida. O solo, ao se secar por causa da absorção radicular, também tem sua condutividade hidráulica (K) reduzida e o fluxo de água do solo para as raízes pode não atender à demanda atmosférica. Assim, na presença de plantas, também temos os três estágios de evapotranspiração. O primeiro, por volta da capacidade de campo (CC), e o segundo, quando o solo restringe o fluxo de água para as raízes. O terceiro não deve ser atingido em condições de agricultura, pois neste as plantas não sobrevivem. Se não houver chuva, deve-se entrar com a irrigação.

Como vimos, a evapotranspiração depende, essencialmente, da energia disponível para o processo de evaporação da água. Assim, se houver água disponível no solo, a evapotranspiração é diretamente proporcional à energia disponível. Por exemplo, para um dia típico em Piracicaba, no estado de São Paulo, no qual a radiação líquida (Q_L) foi de 337 $cal.cm^{-2}.dia^{-1}$, 5,8 mm de água poderiam ser evaporados. Esse cálculo leva em conta que as 337 $cal.cm^{-2}.dia^{-1}$ foram totalmente absorvidas por uma superfície evaporante e que toda energia foi utilizada no processo de evaporação. Para uma cultura vegetal, porém, a superfície exposta à radiação não é plana; possui uma área maior que sua projeção sobre o solo e a absorção da radiação não é total. O vento, pela turbulência, e a umidade relativa do ar, pelo potencial do vapor de água, também interferem no processo, ora acelerando-o, ora restringindo-o.

Com o intuito de padronizar a evapotranspiração de comunidades vegetais, foram fixadas as condições nas quais sua medida deve ser realizada. Definimos, então, a evapotranspiração de referência (ET_0) como a quantidade de água evapotranspirada na unidade de tempo e de área, por uma cultura de baixo porte, verde, cobrindo totalmente o solo sem restrições de água, de altura uniforme e sem deficiência de água (Figura 13.4). Em nossas condições, utiliza-se uma parcela de grama batatais (*Paspalum notatum L.*) que, nas regiões tropicais e subtropicais, permanece praticamente verde e em pleno desenvolvimento durante o ano todo, desde que seja irrigada nos períodos secos. Para essa superfície definida, as condições climáticas (energia líquida, vento e umidade relativa) é que determinam o valor de ET_0. Em vista disso, a evapotranspiração de referência é tomada como um elemento meteorológico de referência para estudos comparativos de perda de água pela vegetação em diferentes situações e locais em torno do globo.

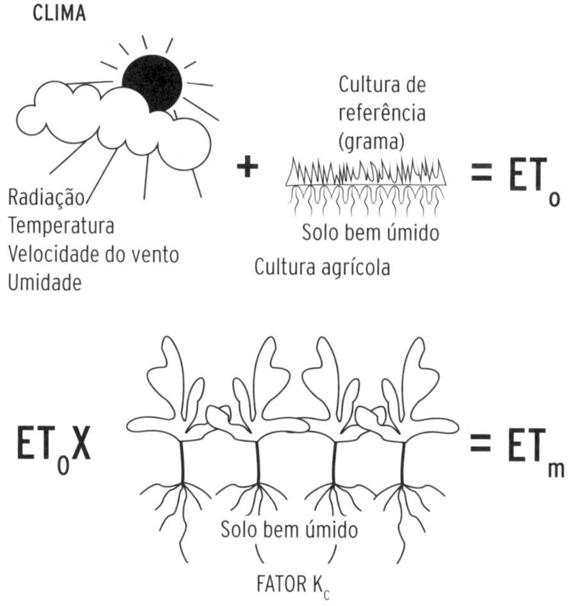

Figura 13.4: Representação esquemática da evapotranspiração de referência (potencial) ET_0 e da evapotranspiração máxima de uma cultura agrícola ET_m (ET_c).

Em virtude de diferenças da interface cultura-atmosfera entre a grama batatais e outras culturas, também em diferentes estádios de desenvolvimento, definiu-se a evapotranspiração máxima de uma cultura (ET_m), também denominada de evapotranspiração da cultura (ET_c), relacionada à evapotranspiração de referência (ET_0), mediante um coeficiente de cultura (K_c), já apresentado na Figura 4.4 (Capítulo 4) para cultura da soja e, com mais detalhe, na Figura 13.5, para a mesma cultura.

A ET_c é obtida multiplicando-se ET_0 por K_c. Assim, se K_c é igual a 1, $ET_c = ET_0$, e a cultura considerada evapotranspira da mesma forma que a grama. Para $K_c > 1$, a cultura perde mais que a grama, que é o caso de culturas anuais de dossel já fechado. Já para $K_c < 1$, a cultura perde menos que a grama, como culturas no início de seu desenvolvimento, quando parte da entrelinha ainda está exposta diretamente ao Sol. A área foliar e o índice de área foliar estão diretamente relacionadas à essa questão. Os valores de K_c raramente são maiores que 1,4 ou 1,5, mesmo para florestas fechadas, porque, em termos médios, tanto uma cultura de milho como uma floresta, se apresentam para o Sol como uma cobertura plana verde. Assim, os valores de ET_c para uma floresta e para uma cultura de milho ou soja em pleno desenvolvimento não são muito diferentes, sendo K_c determinado de modo experimental para diversas culturas, em diferentes estádios de desenvolvimento, pela relação ET_c/ET_0.

A Figura 13.5 mostra como K_c varia durante o ciclo de uma cultura anual (no caso, de soja). No início do estabelecimento da cultura, K_c é baixo, pois uma pequena fração do solo é coberta pela cultura que tem um sistema radicular pouco desenvolvido. Com a cultura em pleno desenvolvimento, o valor de K_c é máximo, podendo até mesmo assumir valores maiores que 1. Como já foi dito, valores maiores que 1 indicam que a cultura em questão perde mais água que a grama batatais (quando submetidas às mesmas condições climáticas). Na Tabela 13.1, encontram-se ainda valores de K_c para algumas culturas.

A ET_c representa, então, a máxima perda de água que certa cultura sofre, em dado estádio de desenvolvimento e em dadas condições de clima, quando não há restrição de água no solo. Analisando os dados da Tabela 13.1, vê-se que K_c varia mais com o estádio de desenvolvimento do que com o tipo de cultura. Isso significa que, como dito anteriormente, a perda máxima

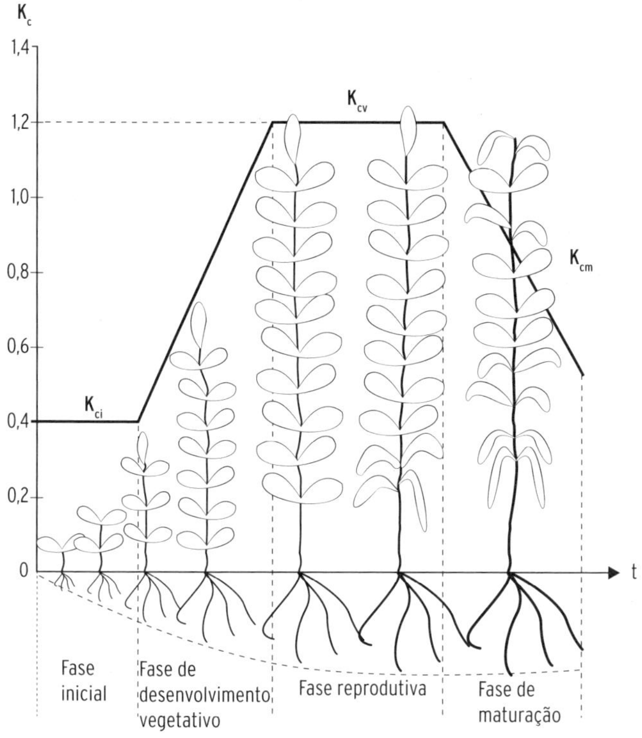

Figura 13.5: Variação do coeficiente de cultura (K_c) durante o ciclo de uma cultura de soja. K_{ci} = inicial; K_{cv}= vegetativo; K_{cm} = maturação.

Tabela 13.1: Coeficiente de cultura (K_c) para algumas culturas em função do estádio de desenvolvimento. Estádio I: emergência até 10% do desenvolvimento vegetativo; Estádio II: 10 a 80% do desenvolvimento vegetativo; Estádio III: 80 a 100% do desenvolvimento vegetativo; Estádio IV: maturação.

	ESTÁDIO DE DESENVOLVIMENTO			
CULTURA	I	II	III	IV
Feijão	0,3 – 0,4	0,7 – 0,8	1,05 – 1,2	0,65 – 0,75
Algodão	0,4 – 0,5	0,7 – 0,8	1,05 – 1,25	0,8 – 0,9
Amendoim	0,4 – 0,5	0,7 – 0,8	0,95 – 1,1	0,75 – 0,85
Milho	0,3 – 0,5	0,8 – 0,85	1,05 – 1,2	0,8 – 0,95
Cana-de-açúcar	0,4 – 0,5	0,7 – 1,0	1,0 – 1,3	0,75 – 0,8
Soja	0,3 – 0,4	0,7 – 0,8	1,0 – 1,15	0,7 – 0,8
Trigo	0,3 – 0,4	0,7 – 0,8	1,05 – 1,2	0,65 – 0,75

Fonte: Allen et. al (1998).

de água ET_c para dada condição climática não é muito diferente para uma floresta, cultura de cana ou pastagem. Ela depende, essencialmente, da energia disponível em unidade de área e do tempo.

A evapotranspiração real ou atual (ET_a) é a que realmente ocorre em qualquer situação de umidade de solo. Se houver água disponível no solo e o fluxo de água na planta atender à demanda atmosférica, ET_a será igual ET_c. Se houver restrição de água no solo e a demanda atmosférica não for atendida, ET_a será menor que ET_c. De forma geral, tem-se:

$$ET_a \leq ET_c$$

Como a disponibilidade de água afeta a produtividade, a situação ideal para uma cultura é que ET_a seja igual a ET_c. Toda vez que $ET_a < ET_c$, há restrição de água, também denominada déficit hídrico, e a produtividade pode ser afetada. Por isso, a ET_c é usada, em projetos de irrigação, para calcular a demanda climática máxima de uma cultura.

A ET_c, em geral, é dada em $mm.dia^{-1}$ e, se integrada para um mês, ciclo de cultura ou ano, tem-se $mm.mês^{-1}$, $mm.ciclo^{-1}$ e $mm.ano^{-1}$. Alguns exemplos para Piracicaba são:

- Verão: 3 a 5 $mm.dia^{-1}$, com valores máximos de até 8 $mm.dia^{-1}$.
- Outono e primavera: 2 a 4 $mm.dia^{-1}$.
- Inverno: 1 a 3 $mm.dia^{-1}$.
- Cultura de milho na primavera/verão: 360 a 600 $mm.ciclo^{-1}$.

Segue um exemplo da variação anual média:

JAN.	FEV.	MAR.	ABR.	MAIO	JUN.	JUL.	AGO.	SET.	OUT.	NOV.	DEZ.	
4,1	3,8	3,6	2,6	2,2	2,0	2,2	2,8	3,2	4,0	4,4	4,2	$mm.dia^{-1}$
127	107	112	79	68	60	68	87	96	125	132	131	$mm.mês^{-1}$

Total anual: 1.192 mm

A medida da evapotranspiração é um assunto de grande importância. Como a diferença entre ET_c e ET_a está apenas na restrição da água do solo, os métodos diretos de medida são os mesmos para ambas. O método direto mais elaborado é o do evapotranspirômetro ou lisímetro. A Figura 13.6

ilustra esquematicamente um lisímetro de drenagem. Ele consiste de um tanque (de alvenaria, cimento amianto etc.) preenchido com um volume de solo, instalado até determinada profundidade dentro da área na qual será plantada a cultura da qual se deseja medir a evapotranspiração. O tanque possui um sistema de drenagem que permite a medida da água que percola pelo solo. Sua área (A) não deve ser menor que 1 m^2, e pode chegar a 10 m^2. Sua profundidade (h) deve ser da ordem de 0,5 m para mais, dependendo da cultura, com a medida ideal de 1 a 1,2 m para culturas anuais. Para encher o reservatório com solo, inicia-se com uma camada de cascalho e outra de areia fina. O solo deve ser colocado obedecendo as camadas que ocorrem no perfil. Para realizar uma medida, o solo é molhado até aparecer água de drenagem no poço de coleta. Depois de 1 a 2 dias, a drenagem cessa, e a água do solo encontra-se em equilíbrio. Nessas condições, inicia-se o período de medida, sendo a evapotranspiração mensurada pelo total de água usado pela vegetação em dado período, determinado pela diferença entre as quantidades de água colocada e percolada. O operador precisa adquirir prática, a fim de saber avaliar a quantidade de água a ser adicionada ao solo para que não haja muita percolação. ET será igual a ET_0 se a cultura for grama batatais; será igual a ET_c para qualquer outra cultura; e será ET_a se o período de medida for longo e houver restrição de água.

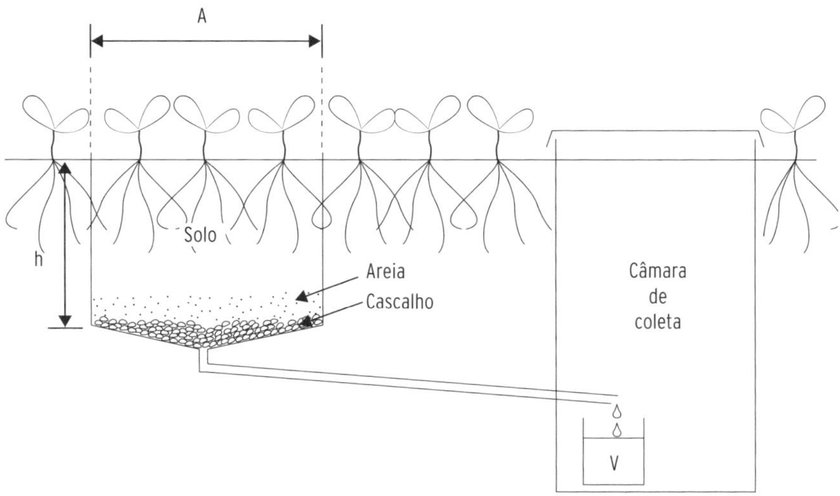

Figura 13.6: Esquema de evapotranspirômetro.

O solo atinge seu armazenamento máximo depois de molhado e de atingido seu equilíbrio (drenagem cessa). Daí por diante, passa a perder água por evapotranspiração. Passados 2 a 5 dias, quando se adiciona água, a quantidade deve ser excessiva para que o armazenamento volte ao valor máximo e a diferença percole. Dessa forma, nem é preciso conhecer o armazenamento máximo.

Segue um exemplo de tanque com A = 4 m^2, plantado com feijão:

DATA (8 h)	12/10	15/10	18/10	22/10	24/10
Água adicionada (litros)	60	60	60	60	60
Água percolada (litros)	9,5	14,3	12,1	15,8	18,4

É possível verificar que, dos 60 litros aplicados em 12/10, 14,3 foram drenados até o dia 15/10. Os 45,7 litros restantes foram evapotranspirados no período de 12 a 15. Como A = 4 m^2, o total evapotranspirado é 45,7/4 = 11,4 L/m^2 ou 11,4 mm. Ainda, como o período é de três dias, tem-se ET_c = 3,8 $mm.dia^{-1}$. Para os períodos subsequentes, tem-se ET_c = 4,0; 2,8 e 5,2 $mm.dia^{-1}$.

Outro método direto é a medida, no campo, do armazenamento de água do solo até uma profundidade (L) maior que o sistema radicular da cultura, em duas datas consecutivas. Se não houver chuva no período e se o movimento descendente de água não for apreciável, a diferença de armazenamento é uma estimativa da evapotranspiração.

A ET_0, como a própria definição indica, depende exclusivamente das condições climáticas. Com base nessa característica, vários métodos denominados indiretos (ou teórico-empíricos) fornecem estimativas de ET_0 empregando apenas dados climáticos. Os métodos de Blaney-Criddle e de Thornthwaite estimam ET_0 a partir de dados de temperatura do ar e de comprimento do dia. Já o método de Penman-Monteith se vale de dados de radiação solar, vento e umidade do ar. Não detalharemos esses métodos pois exigem uma quantidade maior de cálculo.

Outra forma indireta de medir a evapotranspiração é por meio de tanques de evaporação. O mais comum é o tanque Classe A, padronizado de acordo com o esquema da Figura 13.7 e ilustrado na Figura 13.8; o resultado é denominado evaporação de tanque. Trata-se de um tanque de folha galvanizada, cheio de água, colocado sobre um estrado de madeira. O conjunto é, preferencialmente, posto em área gramada, com bordadura grande.

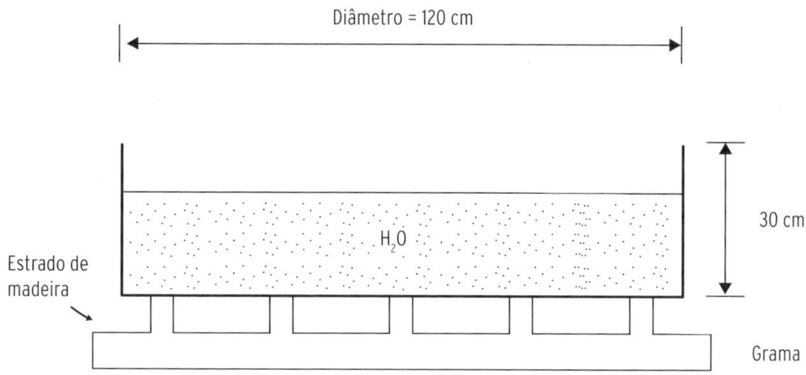

Figura 13.7: Esquema de tanque Classe A.

Figura 13.8: Tanque Classe A de nível constante sendo reabastecido por um reservatório de água que repõe a quantidade de água evaporada no tanque.

Com a evaporação, o nível de água no tanque baixa, fornecendo diretamente a altura de água evaporada. A medida da altura de água pode ser realizada com régua graduada; porém, é difícil avaliar com precisão a posição do espelho de água em relação à régua. Por isso, há instrumentos especiais para a mensuração, como parafusos micrométricos, sistemas de boia etc. A precisão da medida é importante, pois o nível de água baixa apenas alguns milímetros por dia, e o ideal é conseguir medir frações de milímetros.

O tanque não deve ser preenchido com água até a "boca" para evitar perdas de água com o vento. É norma deixar 5 cm de borda; portanto, a altura máxima de água de 25 cm. O nível mínimo também não deve ser muito baixo, pois o volume de água no tanque torna-se muito pouco e a água se aquece muito, induzindo a erro na medida. O nível mínimo recomendado é 20 cm. O tanque tem, portanto, uma altura útil para medidas de 25 - 20 = 5 cm ou 50 mm. Para evaporações de 5 mm.dia^{-1}, a água do tanque dura 10 dias. Normalmente, o tanque é reabastecido uma vez por semana, para que se mantenha o nível máximo. O exemplo apresentado na Tabela 13.2 mostra a sequência de dados para um tanque Classe A, para um período sem chuva.

Tabela 13.2: Exemplo de uma sequência de dados para um tanque Classe A, para um período sem chuva.

DIA	HORA	LEITURA (cm)	EVAPORAÇÃO (mm.dia^{-1})
05/03/85	8 h	25,0	
06/03/85	8 h	24,5	5
07/03/85	8 h	24,1	4
08/03/85	8 h	23,9	2
09/03/85	8 h	23,6	3
10/03/85	8 h	23,5	1
11/03/85	8 h	22,9	6
12/03/85	8 h	22,4 (25,0; reabastecido)	5
13/03/85	8 h	24,7	3
14/03/85	8 h	24,1	6

Se houver chuva, o tanque funciona como um pluviômetro, e seu nível sobe. Não se deve, porém, confiar nesse dado porque a bordadura do tanque é muito pequena e pode haver muita perda de água, sobretudo por causa do vento que, em geral, acompanha a chuva. É comum, portanto, perder a leitura do tanque em dias chuvosos, o que não é um grande problema, pois o dado de evaporação perde sua importância em um dia de chuva.

Uma superfície de água livre como a do tanque Classe A perde mais água do que uma cultura. Por isso, os valores de evaporação de tanque (ECA) devem ser corrigidos. Para isso, usa-se um coeficiente de tanque (K_p). Assim, $ET_0 = K_p \times ECA$. O valor de K_p depende do tamanho da bordadura à qual o tanque está exposto, da umidade relativa do ar e da velocidade do vento. A Tabela 13.3 fornece valores de K_p.

Tabela 13.3: Coeficiente de tanque (K_p) em função da bordadura, da umidade relativa do ar e do vento.

VENTO (km.dia^{-1})	BORDADURA (m) (GRAMA)	UMIDADE RELATIVA BAIXA < 40 %	UMIDADE RELATIVA MÉDIA 40 - 70 %	UMIDADE RELATIVA ALTA > 70 %
< 175 Leve	1	0,55	0,65	0,75
	10	0,65	0,75	0,85
	100	0,70	0,80	0,85
	1.000	0,75	0,85	0,85
175 – 425 Moderado	1	0,50	0,60	0,65
	10	0,60	0,70	0,75
	100	0,65	0,75	0,80
	1.000	0,70	0,80	0,80
475 – 700 Forte	1	0,45	0,50	0,60
	10	0,55	0,60	0,65
	100	0,60	0,65	0,70
	1.000	0,65	0,70	0,75

Fonte: Allen et al. (1998).

O uso da Tabela 13.3 envolve medidas de vento e de umidade relativa. Quando essas medidas não estão disponíveis, é comum o uso de um valor médio de $K_p = 0,8$. Se os dados de tanque forem utilizados diretamente, o que implica $K_p = 1$, tem-se uma margem de segurança de 20%, aproximadamente, pois, como já dissemos, o tanque sempre perde mais água do que uma cultura.

EXERCÍCIOS

1. Comparando duas áreas grandes, digamos 10 mil ha, uma com floresta fechada e a outra com uma pastagem bem formada, ambas com o mesmo solo e submetidas ao mesmo clima, qual perde mais água por evapotranspiração?

2. Como se relaciona a área foliar de uma cultura com sua evapotranspiração?
3. Você entendeu que a evapotranspiração potencial é um parâmetro de clima que pode ser visto como um potencial de evapotranspiração?
4. Em que condições o coeficiente de cultura é maior ou menor que 1?

14 Absorção de água pelas plantas

NEM TODA ÁGUA DO SOLO ESTÁ DISPONÍVEL

As plantas, de maneira geral, absorvem centenas de gramas de água para cada grama de matéria seca acumulada. Elas têm suas raízes mergulhadas no reservatório de água do solo e as folhas, sujeitas à ação da radiação solar e do vento, obrigando-as a transpirar incessantemente. Para crescer de modo adequado, elas precisam de uma "economia de água" tal que a demanda da atmosfera sobre elas seja balanceada por seu abastecimento pelo solo. O problema é que a demanda por evaporação pela atmosfera é, praticamente, constante, ao passo que os processos que adicionam água ao solo, como a chuva, ocorrem apenas ocasionalmente e, em geral, com irregularidade. Para sobreviver nos intervalos entre chuvas as plantas precisam contar com a reserva contida no solo. Neste capítulo, veremos, com brevidade, o quão eficiente o solo pode ser como um reservatório de água para as plantas; como as plantas podem retirar a água do solo; qual o limite de umidade de um solo para que ele mantenha o crescimento vegetal; e como a taxa de transpiração é determinada pela interação entre a planta, o solo e a atmosfera.

O conceito de disponibilidade de água do solo para as plantas foi, por muitos anos, motivo de controvérsia entre pesquisadores. A principal causa da controvérsia é, provavelmente, a falta de uma definição física do conceito. Inicialmente, acreditava-se que a água do solo é igualmente disponível em um intervalo de umidade que vai de um limite superior, a capacidade de campo (θ_{CC}, definida no Capítulo 12), a um limite inferior, o ponto de murcha permanente (θ_{PMP}).

O ponto de murcha permanente (PMP) foi definido como a umidade do solo na qual uma planta murcha não restabelece turgidez, mesmo quando colocada em atmosfera saturada por 12 h. Comumente, assume-se que essa umidade do solo corresponde a um potencial matricial de -15 atm (-150 m de H_2O). Assumia-se que as funções biológicas das plantas permaneciam não afetadas nesse intervalo, variando de maneira abrupta uma vez ultrapassado o limite inferior (curva "a", Figura 14.1). Mais tarde, outros pesquisadores encontraram evidências de que a disponibilidade da água às plantas decresce com a diminuição da umidade do solo e que a planta pode sofrer deficiência de água e redução de crescimento antes de alcançar o ponto de murcha (curva "b", Figura 14.1). Outros pesquisadores, não concordando com esses pontos de vista, procuraram dividir o intervalo de água disponível em dois subintervalos, um de "água imediatamente disponível" e outro de "água decrescentemente disponível", e procuraram um "ponto crítico" entre a capacidade de campo (CC) e o PMP, como um critério adicional para a definição disponível (curva "c", Figura 14.1).

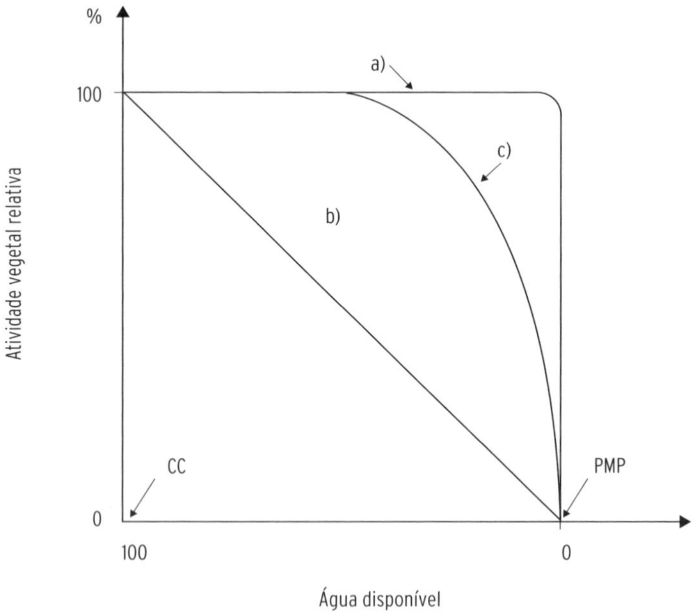

Figura 14.1: Três critérios clássicos de disponibilidade de água para as plantas.

Nenhuma dessas escolas conseguiu basear suas hipóteses em uma teoria bem fundamentada. Seus autores generalizaram conclusões por meio de um número pequeno de experimentos conduzidos em condições específicas.

O problema tornou-se mais complexo quando se verificou que diferentes plantas respondem de maneira diferente à umidade do solo, o que levou os pesquisadores a reconhecerem que a umidade do solo, por si só, não é um critério adequado para definir disponibilidade de água. Tentou-se resolver o problema correlacionando o estado da água na planta com o estado da água no solo, em termos de seu potencial. Por isso, as "constantes" do solo foram definidas em termos de potencial [-1/3 atm (-330 cm H_2O) para θ_{CC} e -15 atm (-150 m H_2O) para θ_{PMP}], que poderiam, então, ser aplicados universalmente. Entretanto, apesar do uso desses conceitos de energia representarem um avanço considerável, ainda havia a necessidade de considerar o sistema solo-planta-atmosfera (SSPA) como um sistema contínuo e extremamente dinâmico.

A descrição exata da absorção de água pelas plantas por meio de uma teoria bem fundamentada é muito difícil dadas as complicações inerentes das relações espaço-temporais envolvidas no processo. As raízes crescem de modo desordenado nas mais diversas direções e espaçamentos. Os métodos convencionais de medida de θ e Ψ são baseados na amostragem de um volume relativamente grande de solo. Em decorrência dessas e de muitas outras dificuldades, apenas uma análise semiquantitativa do fenômeno era possível.

O SSPA COMO UM TODO CONTÍNUO

Na segunda metade do século XX ocorreu uma mudança fundamental na interpretação das relações solo-planta com respeito à água. Com o desenvolvimento do conhecimento teórico do estado da água no solo, na planta e na atmosfera e das técnicas experimentais, uma interpretação mais sólida pôde ser dada ao problema. Tornou-se cada vez mais claro que, em um sistema dinâmico como esse, conceitos estáticos, como, por exemplo, umidade equivalente, ponto de murcha permanente, umidade crítica, água capilar, água gravitacional e outros, perderam seu significado.

Esse desenvolvimento nos levou a aprimorar o conceito clássico de água disponível em seu sentido original. É claro que não há diferença qualitativa entre a água retida a diferentes potenciais do solo. Nem é a quantidade de água absorvida pelas plantas só uma função de seu potencial no solo. Essa quantidade depende da habilidade das raízes em absorver a água do solo com que estão em contato, bem como das propriedades do solo no fornecimento e na transmissão dessa água até as raízes, em uma proporção que satisfaça as exigências da transpiração. Vê-se, então, que o fenômeno depende de fatores do solo (condutividade hidráulica, difusividade, relações entre umidade e potencial), da planta (densidade, profundidade, taxa de crescimento e fisiologia das raízes, área foliar) e da atmosfera (déficit de saturação, vento, radiação solar disponível).

Muitos pesquisadores, insistentes na manutenção dos conceitos clássicos envolvidos na disponibilidade de água, argumentam que o desenvolvimento da ciência do solo trouxe o abandono de conceitos úteis, sem substituí-los por outros mais exatos. Com o conteúdo exposto neste capítulo e nos capítulos precedentes, deve ficar claro ao leitor que é muito difícil encontrar uma forma exata e precisa para a descrição de um fenômeno tão complexo como o da dinâmica da água no SSPA. Essa dificuldade é inerente ao processo, tão complexo em suas relações espaço-tempo.

Com isso, não se pretende dizer que o problema é sem solução. Cada caso em particular deve ser estudado, levando em conta nossos conhecimentos sobre a dinâmica da água no solo, na planta e na atmosfera. Cada caso pode ter uma solução particular, sendo necessária, muitas vezes, uma série de simplificações racionais.

Pesquisas mais detalhadas, por exemplo, chegaram a uma confirmação experimental do efeito de condições dinâmicas sobre a absorção de água das plantas e subsequente transpiração. Foram realizadas medidas das taxas de transpiração de plantas de milho cultivadas em vaso e no campo, sob diferentes condições de irrigação e de evaporação. Sob condições de baixa evapotranspiração da cultura (ET_c) de 3 a 4 $mm.dia^{-1}$, a taxa de evapotranspiração atual (ET_a) caiu abaixo da taxa máxima ET_c, para valores médios de umidade do solo correspondentes a um potencial de água do solo de aproximadamente -2 atm. Em condições meteorológicas mais extremas, ET_c variando entre 6 e 7 $mm.dia^{-1}$, a queda de ET_a foi verificada já a umidades do solo correspondentes a potenciais da ordem de -0,3 atm. Por outro lado, para ET_c muito baixo, menor que 1,5 $mm.dia^{-1}$, nenhuma queda de ET_a foi percebida até potenciais de -12 atm. Um resultado semelhante foi abordado no Capítulo 13 para solos sem vegetação.

Essa e outras experiências levaram os pesquisadores a reconhecer que o SSPA opera como um todo, um contínuo físico no qual a dinâmica dos diferentes processos de transferência ocorre interdependentemente. Nesse sistema, o fluxo de água ocorre no sentido da diminuição de seu potencial total, com o conceito de potencial total da água (Ψ) válido no solo, na planta e na atmosfera.

Pesquisadores das diferentes áreas (Fisiologia vegetal, Física de solos e Meteorologia) expressavam o mesmo potencial de formas diferentes: déficit de pressão de difusão (DPD), tensão, pressão de vapor etc. Esse fato, somado à medida realizada em unidades diferentes, não permitiu, por muito tempo, uma comunicação imediata entre pesquisadores e uma análise do SSPA como um todo. O princípio importante a ser compreendido é que os vários termos usados caracterizam o estado de energia da água nas diferentes partes do sistema, isto é, seu potencial Ψ, e que diferenças em seu valor, de um local para outro, são responsáveis pelo fluxo de água. Esse princípio aplica-se através do solo, da planta e da atmosfera, continuamente.

O leitor deve comparar o movimento da água no SSPA ao movimento da corrente elétrica por um circuito com várias resistências R. É importante lembrar que uma resistência é o inverso de uma condutividade K, isto é, R = 1/K. Assim, a corrente elétrica no circuito ou o fluxo de água no SSPA, em qualquer ponto do sistema, é inversamente proporcional a uma resistência. A trajetória da água inclui seu movimento do solo até as raízes, absorção pelas raízes, transporte nas raízes até os caules e folhas através do xilema, evaporação dos espaços intercelulares das folhas, difusão do vapor através dos estômatos e cutícula e seu movimento da atmosfera próxima à folha até a atmosfera externa.

A quantidade de água transpirada diariamente é grande com relação à variação do teor de água da planta, de tal forma que o fluxo de água pela planta pode, para curtos intervalos, ser considerado um processo em equilíbrio dinâmico (*steady-state*).

Na Figura 14.2 é esquematizado o SSPA, indicando as resistências, simulando um circuito elétrico. Nessa figura, R_s representa a resistência do solo (o inverso da condutividade hidráulica K), que é uma resistência variável, dependendo de θ, Ψ_s etc., como já foi visto no Capítulo 8, que abordou o fluxo de água no solo. R_{co} é a resistência do córtex radicular e R_x a resistência do xilema (ver Capítulo 4). Essas resistências, apesar de variáveis para longos tempos, também podem ser consideradas constantes para tempos mais curtos nos quais o crescimento da planta pode ser desprezado. Após o xilema, já na folha, o fluxo de água pode tomar dois caminhos paralelos para a atmosfera: ou através da cutícula (R_{cu}, considerada constante) ou através dos estômatos (R_e), resistência tipicamente variável em decorrência das variações de abertura dos estômatos. Depois da folha, o fluxo de água, já na fase de vapor, encontra a resistência da atmosfera R_a, que também varia de acordo com turbulência, radiação solar etc.

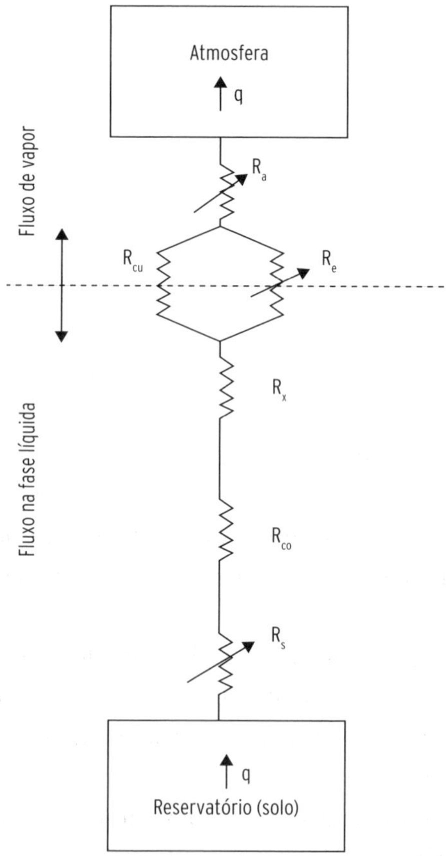

Figura 14.2: Esquema das resistências ao fluxo de água no SSPA.

Valores típicos de Ψ podem ser vistos na Figura 14.3 para diferentes condições de umidade do solo e da atmosfera, bem como para diferentes partes da planta. A ordem de grandeza dessas variações de potenciais, em condições normais, é $\Psi_{solo} \cong -1$ a -3 atm; $\Psi_{planta} \cong -1$ a -10 atm e $\Psi_{atmosfera} \cong -20$ a -500 atm. Daí conclui-se que a resistência $R_f + R_a$ entre as folhas e a atmosfera pode ser 50 vezes maior que a resistência da planta e do solo. Nas horas mais quentes do dia, quando os estômatos se fecham, essa resistência se torna ainda maior, resultando uma diminuição da taxa de transpiração.

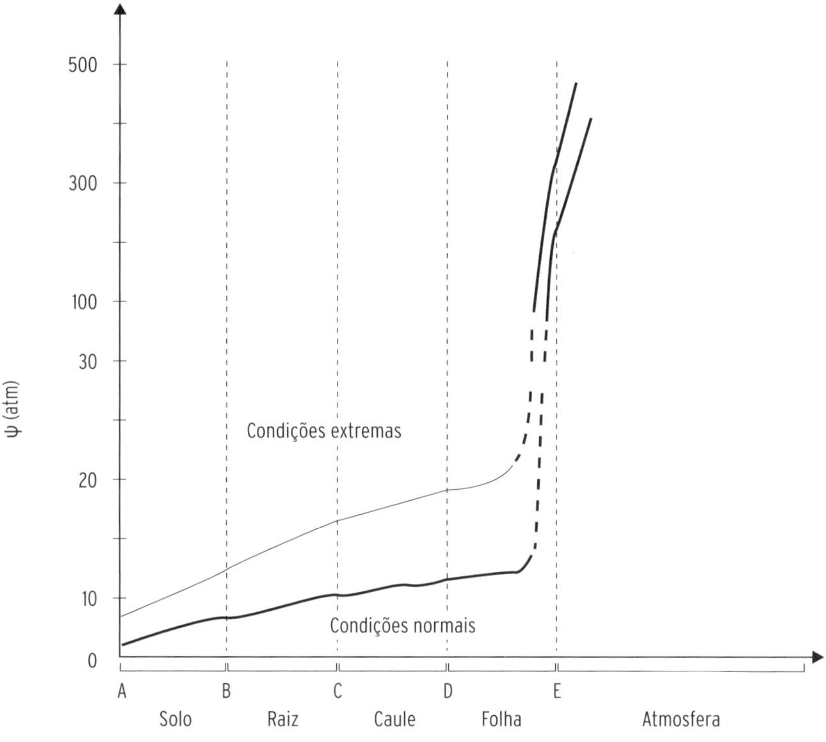

Figura 14.3: Distribuição aproximada dos potenciais no SSPA.

No que se refere à modelagem no SSPA, atualmente estão disponíveis excelentes programas, como o Swap (*Soil Water Atmosphere and Plant*). Esse programa permite simulações de fluxo de água, fluxo de solutos e fluxo de calor no solo e pode ser usado agregando outros modelos para simular a produtividade de culturas.

MANEJO DA ÁGUA PARA ATENDER À DEMANDA DAS PLANTAS

Vista, em termos gerais, a complexidade do estudo da absorção de água pelas plantas, vejamos agora aspectos práticos desse assunto, necessários no manejo da água em culturas agrícolas e, principalmente, no planejamento da irrigação. Nesse contexto, considera-se como água disponível (AD) – frequentemente denominada capacidade de água disponível (CAD) em irrigação – aquela que se encontra no solo entre as umidades θ_{CC} (capacidade de campo) e θ_{PMP} (ponto de murcha permanente), como apresentado na parte inferior da Figura 14.4 para um solo ideal. O valor a ser adotado como θ_{CC} vai depender do interessado, levando em conta o tipo de solo. São clássicos os valores de θ_{CC} tirados da curva de retenção a potenciais de -1/3 de atm (-333 cm H_2O ou -33,3 kPa) para solos mais argilosos e de -0,1 atm (-100 cm H_2O ou -10 kPa) para solos mais arenosos, mas qualquer outro valor medido em condições de campo também pode ser utilizado. Para θ_{PMP}, não existe muita controvérsia, utilizando-se o valor da curva de retenção correspondente ao potencial de -15 atm (-150 m de H_2O ou -1,5 MPa). Assim:

$$CAD = (\theta_{CC} - \theta_{PMP})$$

Para comparação da CAD com dados de precipitação, drenagem, irrigação, evapotranspiração, que são expressos em mm, é preciso multiplicar essa CAD pela profundidade L de solo considerado, dada em mm, uma vez que θ é adimensional. Para efeitos de cálculo e de projeto de irrigação, a água entre a saturação θ_s e θ_{CC} não entra como água útil para as plantas, pois é considerada fortemente afetada pela gravidade, percolando para as camadas mais profundas. Esse é um critério limitante, pois, para pequenos eventos de precipitação em que a infiltração atinge pequenas profundidades, toda água nesse intervalo fica disponível para as plantas.

Em projetos de irrigação, toma-se ainda o cuidado de não irrigar até profundidades muito grandes, limitando-se à zona radicular principal (denominada, em textos de irrigação, profundidade efetiva do sistema radicular), de tal forma que a redistribuição da água pós-irrigação ainda possa ser aproveitada pela planta. Já em irrigações com água de pior qualidade (por exemplo, água salina), irriga-se em excesso com o propósito de causar uma lixiviação dos sais para abaixo da zona radicular. Vê-se, assim, que considerar o intervalo θ_s - θ_{CC} como água perdida para as plantas pode ser problemático. Por isso, na Figura 14.4, ET, nessa faixa molhada, é mostrada como uma linha reta. Essa figura é atemporal, a abcissa é θ e, assim, a reta apenas indica que qualquer valor de ET é possível no intervalo dado. O valor 0 para θ_S indica que, na saturação do solo, não há oxigênio, e as plantas cultivadas não se desenvolvem – exceção feita àquelas do tipo do arroz, cujo sistema radicular recebe O_2 através da parte aérea da planta. Já a quantidade de água abaixo do PMP (θ_{PMP}), é, em geral, muito pouca e pode, com segurança, ser considerada não disponível – representada por água não disponível (AND) na Figura 14.4.

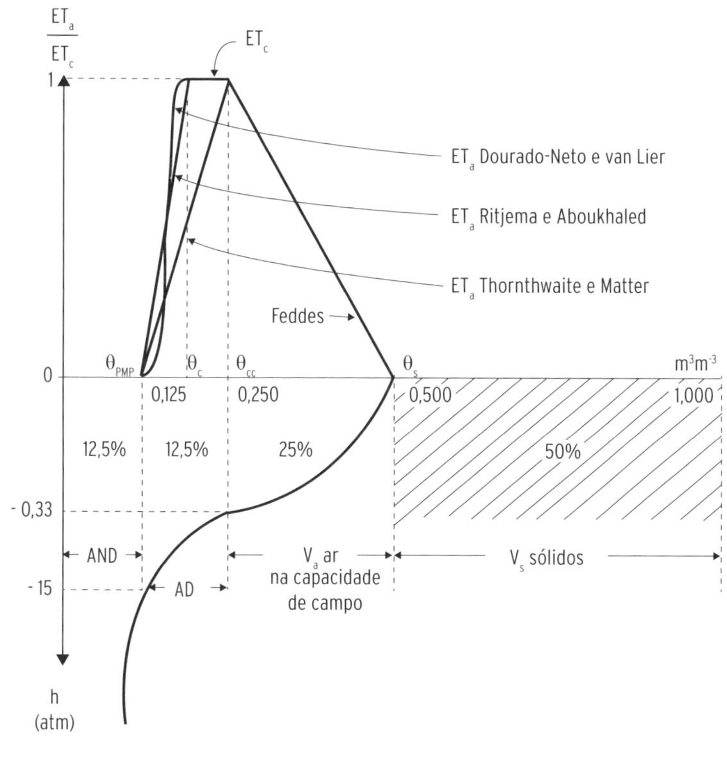

Figura 14.4: Evapotranspiração (ET) justaposta acima da curva de retenção de água de um solo "ideal". ET_c: evapotranspiração da cultura; ET_a: evapotranspiração atual; θ_{PMP}: umidade no ponto de murcha permanente; θ_c: umidade crítica; θ_{CC}: umidade na capacidade de campo; θ_s: umidade do solo na saturação; AND: água não disponível no solo; AD: água disponível no solo.

A Figura 14.4 representa um solo médio, "idealizado", com porosidade 50% (o que resulta em $\theta_s = 0{,}500\ m^3.m^{-3}$), que, na condição ótima, possui uma aeração de 25% com $\theta_{CC} = 0{,}250\ m^3.m^{-3}$ e com um $\theta_{PMP} = 0{,}125\ m^3.m^{-3}$ (ver Capítulo 3). Para um perfil de solo homogêneo de 1 m de profundidade, sua CAD é de 0,125.1000 = 125 mm. Uma cultura que se desenvolve nesse solo terá $ET_a = ET_c$ em θ_{CC} e sua evapotranspiração diminuirá daí em diante por causa de restrições do fluxo de água do solo para a planta, resultante da diminuição de K com θ.

Com o intuito de aprimorar esse conceito de disponibilidade de água para as plantas, foi lançado o conceito de *Least Limitng Water Range* (LLWR) ou Intervalo Hídrico Ótimo (IHO), que é o intervalo de água disponível dentro do qual o desenvolvimento da planta é limitado não só pelo potencial da água, como na CAD, mas por três fatores: o potencial da água no solo, o nível de aeração e a resistência à penetração de raízes. Esse conceito tem sido abordado como um índice de qualidade estrutural de solos para crescimento vegetal. Para calcular o IHO, seu limite superior (limite úmido) leva em consideração θ_{CC} e a umidade $\theta_{10\%}$, umidade essa que garante 10% de aeração (valor limite abaixo do qual se considera que as culturas são afetadas pelo nível baixo de O_2 no solo), ambos dependentes da densidade do solo (d_s). O limite inferior do IHO leva em consideração θ_{PMP} e a umidade θ_{RP} limitante para penetração radicular medido por penetrômetros (tomado como 2 MPa), também ambos dependentes de d_s. O menor intervalo entre essas quatro umidades é o IHO, que pode ser apresentado na forma de um gráfico de θ *versus* d_s (Figura 14.5). Daí o nome *least limiting*, em inglês.

A relação entre $\theta_{10\%}$ e d_s geralmente é linear. Já as relações de θ_{CC} e θ_{PMP} com d_s precisam ser obtidas experimentalmente. É comum encontrar-se relações levemente crescentes. A relação entre θ_{RP} e d_s também é experimental, mas trabalhosa, uma vez que RP depende de ambos θ e d_s. Uma vantagem é que os penetrômetros são de operação simples e rápida.

Voltando ao caso do IHO, a Figura 14.5 esquematiza, para duas d_s (d_{s1} e d_{s2}), os respectivos IHO e CAD para um dado solo, e a área marcada indica toda a amplitude dos IHO possíveis em função da densidade desse solo. Percebe-se que o conceito de IHO é mais rigoroso quanto à disponibilidade de água em relação ao clássico conceito de água disponível.

O conceito IHO é relativamente novo, e várias aplicações desse conceito já se encontram na literatura.

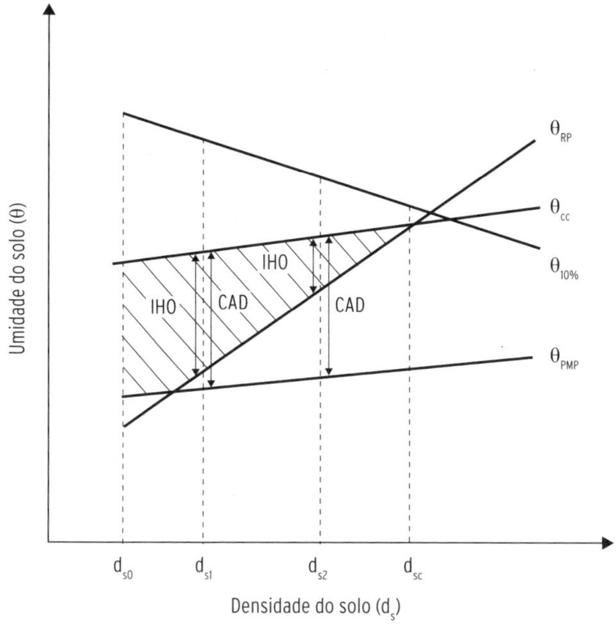

Figura 14.5: Representação esquemática do Intervalo Hídrico Ótimo (IHO). CAD: capacidade de água disponível; θ_{RP}: umidade limite para a penetração radicular (2MPa); θ_{cc}: umidade na capacidade de campo; $\theta_{10\%}$: umidade limite para boa aeração; θ_{PMP}: umidade no ponto de murcha permanente; d_{s0}: densidade mínima limite do solo; ds_1: densidade do solo ideal para o manejo; d_{s2}: densidade do solo com problemas de compactação; d_{sc}: densidade crítica.

O PENETRÔMETRO QUE AVALIA A DIFICULDADE DE PENETRAÇÃO DAS RAÍZES

Vamos aproveitar a oportunidade, aqui, para descrever os penetrômetros, uma vez que o sistema radicular é de grande importância na absorção de água pelas plantas. Eles se constituem de uma haste com extremidade cônica que penetra no solo pela queda de um êmbolo, como mostrado nas Figuras 14.6 e 14.7.

A Tabela 14.1 apresenta, a título de exemplo, oito repetições de medidas com penetrômetro realizadas em uma área de plantação de cana-de-açúcar. A Figura 14.8 mostra a distribuição da resistência média à penetração em função da profundidade a partir dos dados da Tabela 14.1.

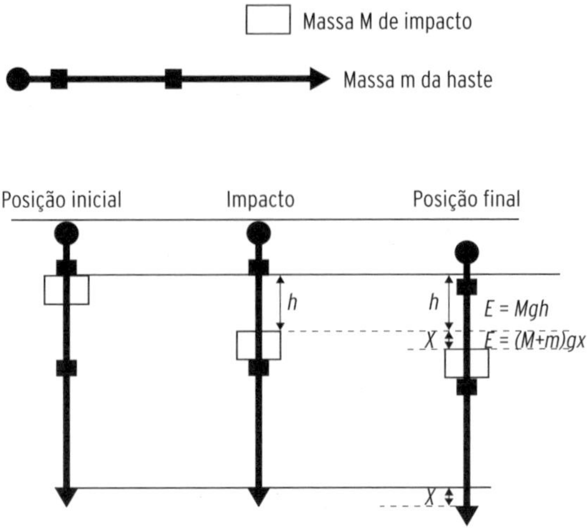

Figura 14.6: Ilustração esquemática do penetrômetro, que, com a queda do êmbolo de uma altura h, penetra no solo até a profundidade x.
Fonte: Gomes Jr. et al. (2016).

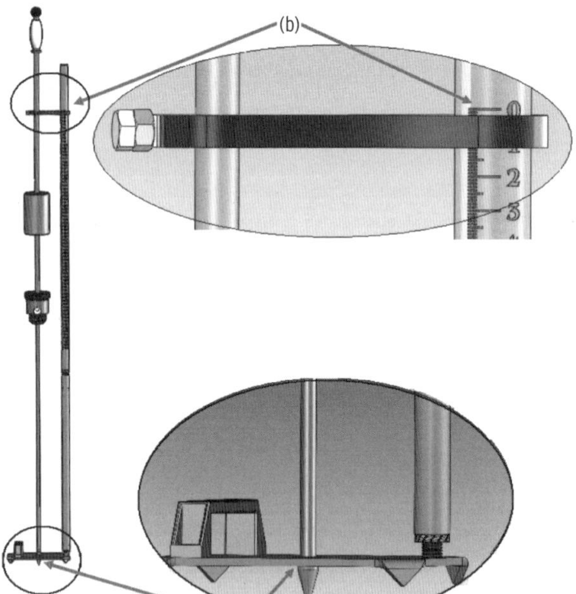

Figura 14.7: Vista de um penetrômetro de impacto modelo Stolf. Detalhe da escala milimétrica (b) para as leituras e do cone de penetração (a).
Fonte: Gomes Jr. et al. (2016).

Tabela 14.1: Medidas com penetrômetro realizadas até 60 cm de profundidade.

PROF. EM CAMADAS	PROF. MÉDIA	RESISTÊNCIA								
		1	2	3	4	5	6	7	8	Média
cm	cm	--------	--------	--------	MPa	--------	--------	--------	--------	
0-5	2,50	2,68	4,69	5,38	4,26	2,95	3,19	6,42	6,07	4,46
5-10	7,50	3,29	8,64	8,95	6,71	6,20	4,29	8,55	6,94	6,70
10-15	12,50	4,79	6,60	7,27	5,99	5,82	4,45	6,81	6,19	5,99
15-20	17,50	5,50	2,98	5,40	5,64	4,06	4,58	5,09	5,35	4,82
20-25	22,50	6,52	2,98	4,86	4,59	3,65	4,38	4,07	4,51	4,45
25-30	27,50	5,70	2,84	4,64	4,08	3,89	3,30	3,62	4,66	4,09
30-35	32,50	4,01	3,87	3,37	3,35	3,31	2,09	3,46	4,29	3,47
35-40	37,50	3,09	4,70	2,87	3,00	2,64	1,82	3,76	3,16	3,13
40-45	42,50	2,93	4,14	2,95	3,25	3,00	1,19	3,50	2,78	2,96
45-50	47,50	2,90	2,90	2,93	3,45	3,18	1,28	2,88	2,56	2,76
50-55	52,50	2,85	2,58	3,15	3,21	2,94	2,13	2,62	2,47	2,74
55-60	57,50	2,74	2,53	2,94	2,87	2,70	2,23		2,15	

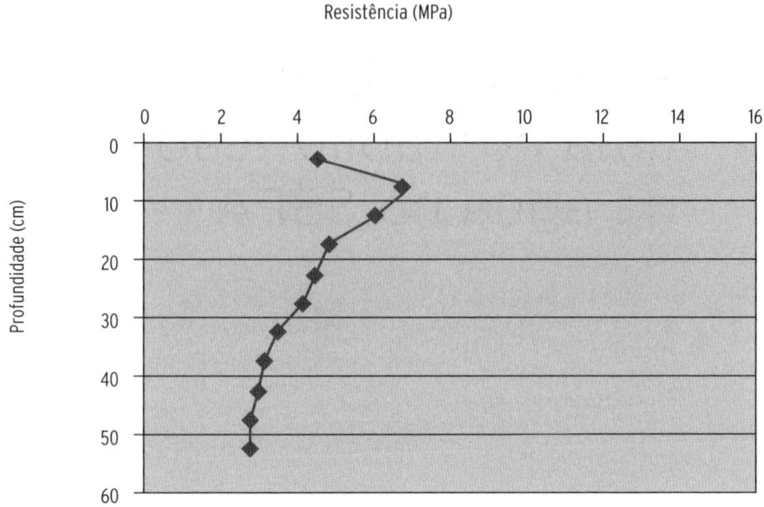

Figura 14.8: Distribuição da resistência média à penetração em função da profundidade obtida a partir dos dados da Tabela 14.1.

EXERCÍCIOS

1. As plantas absorvem a água do solo ou a água do solo entra espontaneamente na planta por diferença de potencial?
2. Por que o IHO reduz o valor da água disponível?
3. As medidas de resistência à penetração radicular dependem da umidade do solo?

15 Balanço hídrico: uma contabilização da água no SSPA

O BALANÇO

Os vários processos que envolvem fluxo de água, descritos nos capítulos anteriores – infiltração, redistribuição, evaporação e absorção pelas plantas –, são interdependentes que, na maioria das vezes, ocorrem simultaneamente. Para estudar, de maneira geral, o ciclo da água em uma cultura, é necessário considerar o balanço hídrico (BH) que engloba esses processos. O BH nada mais é que o somatório das quantidades de água que entram e saem de um elemento de volume de solo em dado intervalo, tendo como resultado a quantidade líquida de água que nele permanece.

O BH é, de fato, a própria lei da conservação das massas e está intimamente ligado ao balanço de energia, pois os processos envolvidos requerem energia. O balanço de energia, por sua vez, é a própria lei da conservação da energia. Do ponto de vista agronômico, o balanço hídrico é fundamental, pois ele define as condições hídricas sob as quais uma cultura se desenvolveu ou está se desenvolvendo em cada um dos seus estádios fenológicos.

Considera-se uma cultura qualquer, como as esquematizadas na Figura 15.1. O primeiro passo é escolher a camada de solo (reservatório de água) para a qual se deseja determinar o balanço hídrico. Geralmente essa camada deve incluir toda a zona de absorção de raízes ou, pelo menos, a maior parte dela. Daí a necessidade de se conhecer a distribuição do sistema radicular, em seus diferentes estádios de desenvolvimento. Seja a camada de interesse de profundidade z = L, o valor de L para culturas como feijão e soja pode ser de 0,40 a 0,50 m; para o milho e o algodão, de 0,50 a 0,70 m; para cana-de-açúcar, de 1,0 a 1,5 m; e, para culturas perenes ou florestas, pode alcançar alguns metros. Sua escolha é bastante difícil, mas o critério mais adotado é o seguinte: a camada 0 – L deve incluir 95% ou mais do sistema radicular ativo.

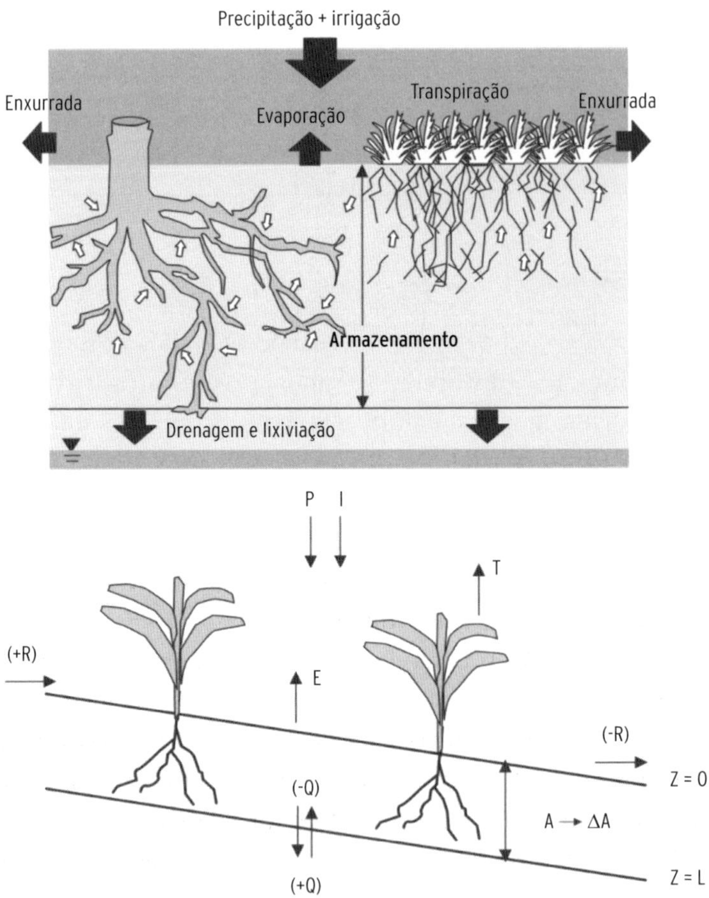

Figura 15.1: Esquema dos componentes do balanço hídrico de uma cultura.

O elemento de volume, no qual o balanço de água é realizado, pode ser um prisma de base 1 m^2 e altura L (m), que é a camada de interesse anteriormente mencionada (Figura 15.2). Sendo sua secção transversal 1 m^2, todos os volumes em litros (L, não confundir com profundidade) de água que nele entram ou dele saem representam uma altura de água em mm, uma vez que 1 L/m^2 = 1 mm. Na verdade, a área de 1 m^2 é simbólica; pode ser qualquer área considerada como um todo, ou seja, 10 m^2, 1 ha, 100 ha. Isso porque o BH envolve alturas de água, que independem da área considerada.

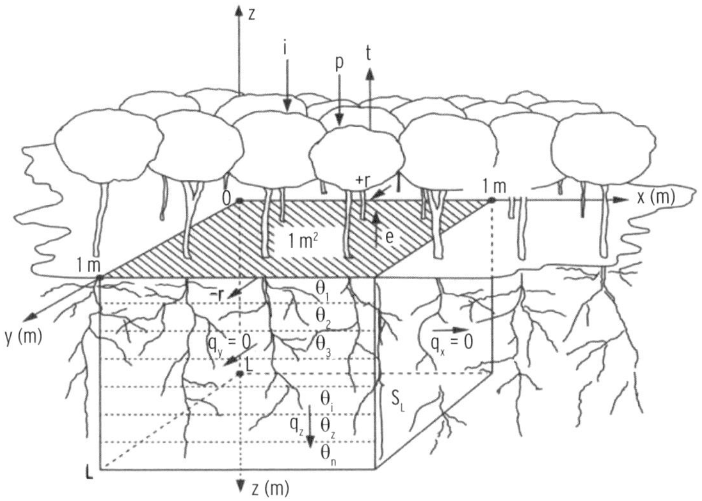

Figura 15.2: Visão esquemática do elemento de volume, indicando as coordenadas x, y, z; as entradas p (chuva), i (irrigação), +r (*runnin*); as saídas et (evapotranspiração), -r (*runoff*), q_z (drenagem profunda); os fluxos horizontais nulos q_x e q_y; e as unidades do solo nas profundidades 1, 2, ...n.

Na Figura 15.2, notam-se também os eixos coordenados *x*, *y* e *z* e as diferentes camadas de solo com suas umidades θ_1, θ_2, ..., θ_n. Apesar das três dimensões, o balanço aqui representado é unidimensional, na direção *z*. Apenas o escoamento superficial ou *runoff* é considerado uma perda do total de chuva ou de irrigação, no plano *xy*.

Inicia-se com o balanço hídrico instantâneo, no qual as entradas e saídas são medidas em termos de fluxos em mm.d^{-1}. Esses fluxos são, na verdade, intensidades, vetoriais, e aqui são representadas por letras minúsculas: precipitação pluvial (p); irrigação (i); deflúvio superficial ou enxurrada ou *runoff* (d_s);

evapotranspiração (q_e); drenagem interna (q_z) – todos em mm.d^{-1} (Figura 15.2).

Os fluxos positivos, isto é, que contribuem para o aumento da quantidade de água no elemento de volume, são, sobretudo, p e i. Como anteriormente mencionado, parte dessa água pode, porém, ser perdida por deflúvio superficial e é descontada no cálculo dos componentes do balanço. O escoamento superficial vindo de áreas à montante pode constituir adições de água. O fluxo de q_e contribui para a diminuição da quantidade de água disponível no elemento de volume e, na profundidade z = L (limite inferior da camada considerada), têm-se fluxos de água q_z, tanto no sentido de cima para baixo (o caso mais comum) como no sentido de baixo para cima (mais raro), dependendo do gradiente de potencial em L. Esse gradiente determinará a direção do fluxo q_z e, com a condutividade hidráulica, determinará sua intensidade q_z.

Assim, o balanço hídrico instantâneo é a somatória: $p + i \pm d_s - q_e \pm q_z$, que passa a ser a variação da umidade do solo no elemento de volume.

O que realmente nos interessa é o balanço integrado ao longo de um certo período ou intervalo. O intervalo de tempo (Δt) é de nossa escolha. Como a dinâmica da água é relativamente lenta, períodos menores que um dia não são viáveis. Para culturas de ciclo curto, Δt pode ser de 3, 7, 10 ou 15 dias. Para culturas de ciclo longo ou perenes, 10, 15 ou 30 dias. Para fins ecológicos, muitas vezes usa-se o semestre ou até o ano. O resultado dessa integração nos leva a quantidades de água em mm, e as componentes integradas levam a letras maiúsculas, de tal forma que o balanço passa a ser a somatória: $P + I \pm D_s - ET \pm Q_z$, cujo resultado é o armazenamento de água no solo (A_L).

AS COMPONENTES DO BALANÇO

O primeiro termo P vem da integração de p, chamada de intensidade de chuva pelos meteorologistas. Suas dimensões são $L.m^{-2}.dia^{-1} = mm.dia^{-1}$. Pluviômetros medem a integral P diretamente, integrando p no intervalo $t_j - t_i$. Graficamente, a precipitação pluvial ou chuva P é a área sob a curva p *versus* t, e o resultado é em mm. A Figura 15.3 mostra essa relação para um dia que choveu das 12 às 20 h. Vê-se que p variou bastante nesse intervalo, com um valor máximo de cerca de 10 $mm.h^{-1}$ às 16 h. Com a integral P, essas informações detalhadas são perdidas, podendo-se, no máximo, calcular a intensidade média

$\bar{P} = P/(t_j - t_i) = 40/8 = 5$ mm.h^{-1}. A intensidade de chuva p pode ser obtida em pluviógrafos, que dão origem a um gráfico semelhante ao da Figura 15.3.

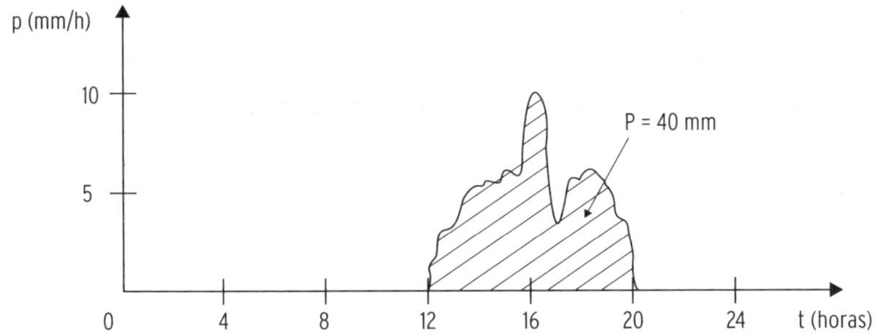

Figura 15.3: Gráfico de p *versus* t para uma chuva de intensidade variável, totalizando 40 mm.

As mesmas considerações feitas para p e P podem ser feitas para a taxa de irrigação i e a irrigação acumulada I no caso de irrigação por aspersão, que, na verdade, é uma chuva artificial. Nesse caso a intensidade de irrigação i é constante com o tempo no período de irrigação. Dessa forma, uma irrigação de intensidade i (mm.h^{-1}), aplicada por t (h), resulta em I = i.t (mm). O gráfico dessa relação assemelha-se ao apresentado na Figura 15.4.

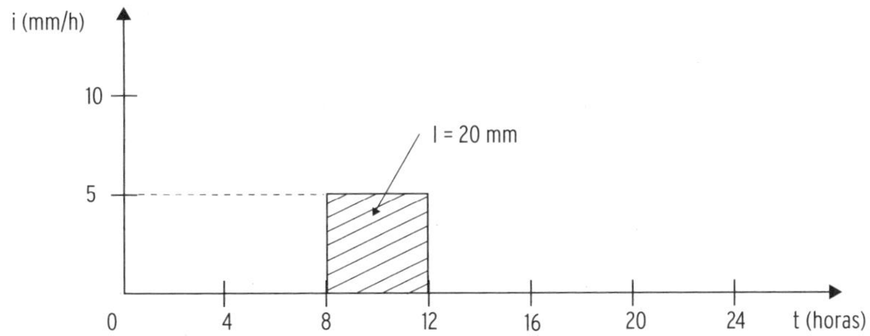

Figura 15.4: Gráfico de uma irrigação por aspersão de intensidade constante de 5 mm.h^{-1}, totalizando 20 mm.

Já para os casos das irrigações por sulco, gotejamento e outras, a determinação de i é mais complicada, mas os conceitos de i e I são os mesmos. Cada método (e sistema) de irrigação apresenta características diferenciadas em termos de consumo e distribuição de água no perfil do solo, eficiência de aplicação, mão de obra requerida e possibilidades de parcelamento da área irrigada em talhões, entre outras. Todas essas características influenciam a forma de manejo da irrigação.

A determinação correta da quantidade de água necessária para a irrigação é um dos principais parâmetros para que o planejamento, o dimensionamento e o manejo de um sistema de irrigação sejam realizados de forma adequada, bem como para a avaliação das necessidades de captação, armazenamento e condução de água e avaliação das fontes de suprimento disponíveis. Quando a quantidade de água a ser aplicada pela irrigação for superestimada, têm-se, como consequência, sistemas de irrigação superdimensionados, o que encarece o custo da irrigação por unidade de área. Também poderá acarretar danos à cultura, lixiviação de nutrientes, elevação do lençol freático na área (problema de drenagem), ocasionando redução de produtividade. Por outro lado, quando a quantidade for subestimada, haverá uma incapacidade do sistema em irrigar toda a área de projeto. Dessa forma, o manejo da irrigação consiste na definição dos métodos que serão utilizados para responder as duas principais questões da irrigação: "quando irrigar?" e "qual a quantidade de água a ser aplicada?". Existem diferentes tipos de manejo de irrigação; um dos principais é aquele que tem por base o balanço de água no solo.

A taxa de deflúvio superficial (d_s) e sua quantidade total dependem das propriedades do solo e da declividade da superfície. Normalmente, a medida do total de água que escorre na superfície do solo é feita pela coleta da água que escoa de uma área cercada para coletar o fluxo. É positiva quando a contribuição provém de montante e negativa quando se trata de uma perda à jusante. Contribuições à montante devem ser evitadas; em geral, o terraceamento é realizado para evitar tais contribuições. A distância entre terraços varia, sobretudo, com a declividade do terreno e o tipo de solo, e valor médio comum dessa distância está entre 20 e 30 m.

Por isso, o deflúvio superficial, também chamado de escoamento superficial, é estudado em rampas-padrão de 22,4 m de comprimento e 2 m de largura. Elas são cercadas por diques de madeira ou folha metálica (Figura 15.5), e a água que escoa é coletada em tanques que possibilitam a medida de seu volume (V) em litros. O valor de DS é V/A mm, em que A é a área da rampa em m^2. Se, por exemplo, em uma rampa de 44,8 m^2 se coletou uma enxurrada de volume 65 L, DS = 65/44,8 = 1,45 mm. Essas rampas são também utilizadas para estimativa das perdas de solo por erosão. Se, depois de cada evento com enxurrada, os sólidos que foram arrastados para o tanque de coleta forem pesados, pode-se calcular a erosão. Imaginando que 2,24 kg de material sólido tenham sido coletados ao longo de um ano de observações em uma rampa de 44,8 m^2, o valor da erosão equivale a 500 $kg.ha^{-1}.ano^{-1}$.

Figura 15.5: Rampas para medida de enxurrada. No interior, tubos de acesso para sonda de nêutrons e tensiômetros. Ao fundo, tanques de coleta do volume de água do deflúvio superficial.

A erosão acelerada dos solos é um problema global e, apesar da dificuldade de se calcular com precisão as perdas de solo, sabe-se que a magnitude dessas perdas tem causado sérias consequências econômicas e ambientais.

A determinação das perdas de solo por erosão, por métodos diretos, é morosa e cara. Essa é a principal causa do crescente interesse dos pesquisadores pelos modelos de predição da erosão. Esses modelos permitem identificar áreas de maior risco e auxiliam na escolha de práticas de manejo mais adequadas. O modelo mais usado na predição das perdas de solo utiliza a equação universal de perdas de solo (*universal soil loss equation* – Usle). Detalhes dessa equação podem ser encontrados em textos especializados.

A taxa de evapotranspiração (q_e) e sua integral ET já foram bastante discutidas no Capítulo 13 e não serão abordadas aqui.

Os fluxos de água no solo na profundidade L, iguais a q_L, são de difícil medida e, em geral, são propostos como exercícios acadêmicos, assim como suas integrais no tempo Q_z. Em muitos balanços, esses componentes são englobados em outros ou estimados por diferença. O resultado da somatória dos componentes é a variação do armazenamento de água no elemento de volume, já discutida no Capítulo 3.

A variação do armazenamento (ΔA_L) pode ser positiva ou negativa, dependendo da magnitude de todos os outros componentes, P, I, ET, D_s, uma vez que sua soma algébrica deve permanecer nula (lei da conservação das massas). Os cinco casos a seguir exemplificam muito bem o conceito de balanço hídrico.

- Um perfil de solo armazena 280 mm de água e recebe 10 mm de precipitação e 30 mm de irrigação. Ele perde 40 mm por evapotranspiração. Negligenciando o escoamento superficial e o fluxo de água no solo abaixo da zona radicular, qual é o valor do seu novo armazenamento?
- Uma cultura de soja perde 35 mm por evapotranspiração em um período sem chuva e irrigação. Ela perde 8 mm por drenagem profunda. Qual é a variação no armazenamento?
- Durante um período chuvoso, uma área de cultura recém-preparada para cultivo recebe 56 mm de chuva, dos quais 14 mm são perdidos por escoamento superficial. O valor da drenagem profunda é de 5 mm. Negligenciando a evapotranspiração, qual é a variação no armazenamento?
- Calcular a evapotranspiração diária de uma cultura de feijão, em um período de dez dias, que recebeu 15 mm de precipitação e duas irrigações de 10 mm cada uma. No mesmo período, a drenagem profunda foi de 2 mm e a variação no armazenamento de -5 mm.
- Qual a quantidade de água adicionada a uma cultura por irrigação, sabendo-se que em um período seco sua evapotranspiração foi de 42 mm e a variação no armazenamento foi -12 mm? A umidade do solo estava no valor da capacidade de campo e não houve escoamento superficial durante a irrigação.

As respostas a esses cinco exemplos encontram-se resumidas na Tabela 15.1

Tabela 15.1: Resultados dos cinco exemplos utilizados para ilustrar a somatória das componentes do BH.

Nº	P	+	I	–	ET	±DS	±Q_L	=	ΔA_L	RESPOSTA
1	10		30		-40	0	0	=	0	280 mm
2	0		0		-35	0	-8	=	-43	-43 mm
3	56		0		0	-14	-5	=	+37	+37 mm
4	15		20		-38	0	-2	=	-5	-3,8 mm.dia^{-1}
5	0		30		-42	0	0	=	-12	+30 mm

Na prática, os termos do BH que mais nos interessam são ET e ΔA_L.ET, para saber quanto o solo e a planta perderam por evapotranspiração no intervalo t_j - t_i, a fim de repor a água perdida; e ΔA_L, para saber a disponibilidade de água no solo para as plantas no instante t_j. Por exemplo: desprezando Q_z, medindo P e I, e estimando ET por fórmulas teórico-empíricas, pode-se obter ΔA_L sem medir as variações da umidade do solo. Nesse tipo de balanço hídrico climatológico utiliza-se a definição de capacidade de água disponível (CAD), já abordada no Capítulo 14. Existem programas para cálculo desses balanços, sendo os de Thornthwaite & Matter os mais comuns.

PRODUTIVIDADE DEPLECIONADA POR ÁGUA

A produtividade potencial de uma cultura é determinada por fatores genéticos e pelo grau de adaptação ao ambiente, quando há água e nutrientes disponíveis, sem limitação por pragas e doenças, durante todos os períodos de desenvolvimento até o amadurecimento. A disponibilidade hídrica nos períodos de maior demanda pela cultura é imprescindível para alcançar o resultado esperado, pois ela participa de todos os processos metabólicos que vão estabelecer o crescimento e o desenvolvimento da cultura, além de determinar seu período de crescimento. Ainda, a adoção de práticas de manejo que minimizem o impacto dos fatores externos na assimilação de carbono e de nitrogênio na fase reprodutiva é determinante da produtividade de grãos. Essa é a fase que a cultura apresenta elevada atividade fisiológica, alcançando a máxima taxa de assimilação de carbono e nitrogênio.

A deficiência hídrica (D, DH ou DEF) é caracterizada quando a ET_a é menor que a ET_c, definida por $D = ET_c - ET_a$, isto é, as restrições do solo impedem que a planta perca o máximo de água (ver Capítulo 13). Ela induz adaptações fisiológicas e morfológicas, como o fechamento estomático. Como consequência, ocorre a redução da fotossíntese, afetando o crescimento da planta e a produtividade da cultura. Esses modelos de produtividade deplecionada penalizam a produtividade potencial a partir da deficiência hídrica, função do déficit de evapotranspiração e do coeficiente de sensibilidade ao déficit, resultando em uma produtividade real ou deplecionada por água.

VISÃO HOLÍSTICA DO SISTEMA DE PRODUÇÃO AGRÍCOLA

Após abordar de maneira completa o comportamento da água no SSPA, vamos apresentar agora uma visão geral sobre o sistema de produção agrícola, necessária ao pesquisador, ao modelador e ao próprio agricultor. Para isso, discutiremos em detalhe a Figura 15.6, tomada como exemplo para o caso de uma cultura de milho de ciclo de 120 dias. Ela engloba quatro quadrantes, os da direita (1° e 4°), com aspectos estáticos, atemporais, sendo o 1° referente à atmosfera e o 4° ao solo; e os da esquerda, com aspectos temporais (2° e 3°), sendo o 2° referente ao desenvolvimento da parte aérea da planta, afetado pelo solo e pela atmosfera, e o 3° referente ao desenvolvimento do sistema radicular, afetado pelo solo. O 3° também inclui informações sobre o clima para não sobrecarregar o 2°.

O 4º quadrante é o gráfico θ (h) para o trecho da água disponível (AD) da curva de retenção de água do solo, mostrando o aumento da água disponível do solo em função do desenvolvimento radicular mostrado no 3º quadrante. Aí aparece o conceito de profundidade efetiva do sistema radicular (z_e), aqui considerado crescente até o início do aparecimento dos órgãos reprodutivos, mantendo-se constante até o final do ciclo da planta. Assim, considerando a profundidade de semeadura z_{ei} = 0,1 m, a CAD_0 = 12,5 mm; para um tempo t, poderia ser CAD_t = 62,5 mm e, após os 60 dias, $CAD_{60\text{-}120}$ = 125 mm (Figura 15.6). Em modelagens é importante, portanto, considerar a CAD como uma variável durante o desenvolvimento da cultura, não uma constante como é feito na maioria dos BH.

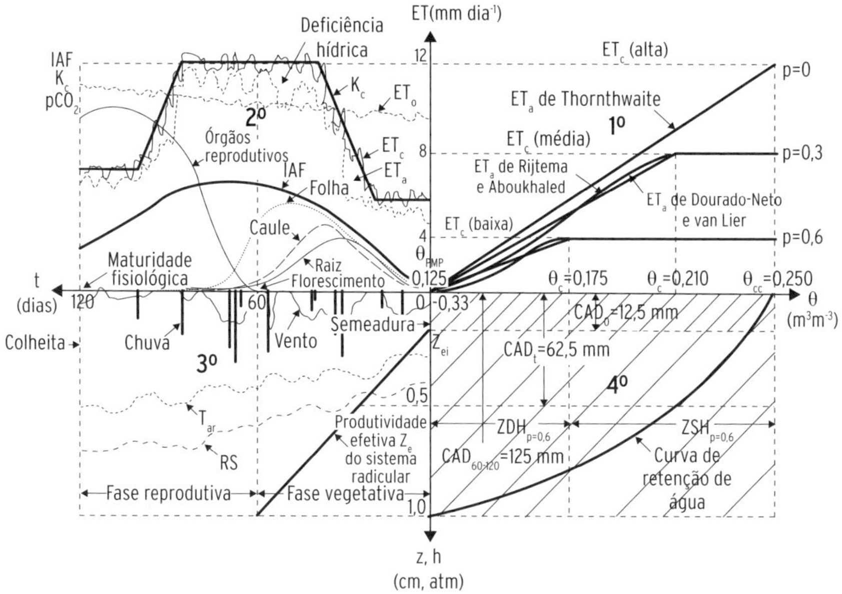

Figura 15.6: Visão holística do desenvolvimento de uma cultura de milho. IAF: índice de área foliar; K_c: coeficiente de cultura; pCO_2: partição do carbono fotossintético nos diferentes órgãos da planta; p: fator de água disponível de Rijtema e Aboukhaled; ZDH: zona de deficiência hídrica; ZSH: zona de suficiência hídrica.

O 1° quadrante é o gráfico ET(θ), que está amarrado ao 4º quadrante. Foram escolhidos arbitrariamente três valores: ET_c alta, acima de 10 mm.dia^{-1}; ET_c média, da ordem de 5 a 8 mm.dia^{-1}; e ET_c baixa, abaixo de 5 mm.dia^{-1}. Na alta, o método de Thornthwaite é o que mais se adapta ao cálculo de ET_a, que diminui linearmente com θ ou CAD desde a CC (θ_{cc}) até o PMP (θ_{PMP}). Para condições médias ou baixas, os métodos de Rijtema e Aboulkhaled e de Dourado-Neto e van Lier se adaptam melhor. Neles, aparece o fator p, que amplia o intervalo em que ET_a é igual a ET_c, definindo valores da umidade crítica θ_c.

O 2° quadrante engloba parâmetros relativos ao desenvolvimento da cultura. Observe que a escala do tempo está invertida, crescendo da direita para a esquerda. As variações temporais do K_c, já discutidas na Figura 13.5 (Capítulo 13), acompanham, por meio de metas de retas, o crescimento da cultura. ET_0 depende da evolução do clima e, por isso, é apresentado de forma oscilante, mas levemente crescente, uma vez que a temperatura do ar

(T_{ar}) e a radiação solar (RS) apresentam essa tendência. ET_c, produto de ET_0 por K_c, acompanha o K_c, também de forma oscilante. ET_a, que é o que realmente ocorre, é sempre menor ou igual a ET_c, dependendo da precipitação (P) ou irrigação (I). O IAF segue o crescimento foliar, tendendo a diminuir no final do ciclo quando as folhas mais velhas secam. Hoje já se encontram no mercado sementes de milho *ever green*, que mantêm as folhas verdes até o fim do ciclo. De importância também é a partição de carbono (pCO_2) para as diferentes partes da planta: raiz, caule, folha e órgãos reprodutivos.

O 3° quadrante mostra um exemplo de evolução do clima através da temperatura do ar (T_{ar}), radiação solar (RS), vento e precipitação.

Os elementos mostrados na Figura 15.6 são essenciais na modelagem e no manejo da água e dos nutrientes de culturas agrícolas em geral. Com eles, podem-se prever épocas de deficiência hídrica para a irrigação e de aplicação de fertilizantes, visando maximizar a produção.

Já vimos que a produtividade potencial de uma cultura é determinada por vários fatores, entre os quais se destacam os genéticos (variedade), o grau de adaptação ao ambiente (o que abre a possibilidade de variar o número de plantas por ha), disponibilidade de água e nutrientes, controle de pragas e doenças, isso durante todos os períodos de desenvolvimento até o amadurecimento.

Vamos retornar ao caso do milho, a título de exemplo, para o qual a produtividade potencial é bastante variável. Façamos uma comparação relativa e aproximada da produtividade potencial em três países grandes produtores de milho: Estados Unidos, Argentina e Brasil, como mostra a Tabela 15.2.

Tabela 15.2: Comparação aproximada da produtividade potencial de Estados Unidos, Argentina e Brasil na cultura de milho.

LOCAL	CAD/Z_E (mm.cm^{-1})	CTC ($mmol_c.dm^{-3}$)	POPULAÇÃO $\times 10^3$	PRAGAS, DOENÇAS E ERVAS DANINHAS	N (HORAS)	PRODUTIVIDADE POTENCIAL ($t.ha^{-1}$)
EUA	2,0	300	120	↓	12-15	8-18
Argentina	1,5	120	85	↓	10-14	5-13
Brasil	1,0	50	70	↓	11-13	3-10

Nessa comparação, utilizamos dados médios dos solos cultivados por milho, tais como a disponibilidade de água em termos de CAD/z_e, isto é, mm de AD por cm de solo. Assim, para os três países escolhidos e para uma camada de 1,0 m, teremos 200, 150 e 100 mm, respectivamente. A capacidade de troca de cátions (CTC) em $mmol_c.dm^{-3}$ é muito alta para os solos dos Estados Unidos, média para os da Argentina e muito baixos para o Brasil. Principalmente por causa desses dois fatores, as populações de plantas por ha podem ser muito diferentes, como indicado. Outros fatores como variedade, controle de pragas, doenças, ervas daninhas, comprimento do dia N (Capítulo 5) também são diferentes nesses países, o que resulta em produtividades potenciais médias muito diferentes. Daí os números muito altos no *Corn Belt* dos Estados Unidos.

EXERCÍCIOS

1. O que é o balanço hídrico?
2. Você percebeu que quanto maior o intervalo de medidas mais informações do balanço hídrico se perde?
3. Você entendeu o conceito de produtividade potencial?
4. Revisite a Figura 15.6 para compreendê-la bem.
5. Se um solo armazena 200 mm de água até a profundidade de 1 m, quantos litros de água tem 1 ha desse solo?

16 Absorção de nutrientes pelas plantas

INTRODUÇÃO

Na introdução do Capítulo 9 foram apresentados alguns aspectos da dinâmica da absorção de nutrientes pelas plantas. Naquele capítulo, nos preocupamos com a caracterização de um nutriente na solução do solo e com os processos de transferência dos nutrientes dentro dele. Neste capítulo, desenvolveremos um pouco mais sobre o fluxo de íons do solo para as raízes e faremos uma introdução aos mecanismos adotados por elas para absorção de nutrientes.

O MOVIMENTO DE NUTRIENTES DO SOLO À SUPERFÍCIE DAS RAÍZES

A fração sólida do solo, tanto mineral como orgânica, é o reservatório de nutrientes para a planta. Para que a planta se desenvolva satisfatoriamente, é necessário que a atividade de cada nutriente seja adequada na solução do solo. Essa atividade depende, sobretudo, da absorção pelas raízes e de sua "liberação" pela fase sólida. A liberação dos nutrientes da fração sólida do solo é parte importante do estudo da fertilidade dos solos. No Capítulo 9, descrevemos os fenômenos de adsorção e troca iônica, e não nos aprofundaremos aqui nesse assunto. Vamos apenas chamar a atenção do leitor para o fato de que os nutrientes, em suas diferentes formas, são ligados à fase sólida com diferente energia. Assim, por exemplo, o NO_3^- e Cl^- são, praticamente, livres de adsorção na maioria dos solos que têm excesso de cargas negativas; K^+, Ca^{2+}, Mg^{2+} e NH_4^+ são adsorvidos eletricamente; Fe^{3+} e Cu^{2+} podem formar complexos e quelatos; P pode formar complexos de alta insolubilidade com os óxidos de Al e Fe etc. A taxa de liberação desses íons para a fase líquida depende de todas essas formas de adsorção. Uma vez na fase líquida, cada nutriente pode ser absorvido pelas raízes, dependendo essa absorção de uma série de problemas que serão discutidos mais adiante neste capítulo.

Para ser absorvido pela planta, um nutriente deve encontrar-se na solução do solo, em contato com a superfície ativa do sistema radicular, em uma forma passível de absorção e utilização pela planta. Essa forma "disponível" dos diferentes nutrientes tem sido objeto de atenção dos químicos de solo, e a literatura sobre o assunto é extensa. De maneira geral, pode-se dizer que os principais fatores que controlam a passagem de um nutriente para a solução são solubilidade e potencial de oxirredução. Uma vez em solução, dois processos são responsáveis pela transferência de um nutriente no solo: difusão e transporte de massa. A difusão compreende o transporte pelos gradientes de potencial químico, medido pela atividade do íon em questão na solução do solo; e o transporte de massa se refere a todo transporte de íons arrastados pelo fluxo de água no solo (ver Capítulo 9). A difusão de um soluto no solo em dada direção *x*, de um ponto P para outro M, pode assim ser calculada.

Se em P a concentração C_p de NO_3^- é 6,2 $mg.L^{-1}$ e, no outro ponto, M, distante 10 cm de P, a concentração C_M de NO_3^- é 2,9 $mg.L^{-1}$, haverá um fluxo de NO_3^- de P para M, isto é, da concentração maior para a menor. O coeficiente de difusão D do NO_3^- no solo é igual a $0{,}54.10^{-5}$ $cm^2.s^{-1}$. O gradiente de concentração do nutriente pode ser aproximado pela diferença C_M - C_p dividida pela distância. Esse gradiente, multiplicado pelo coeficiente de difusão, resulta no fluxo de difusão de $1{,}78.10^{-8}$ $mg.cm^{-2}.s^{-1}$.

Nesse exemplo, P poderia ser um ponto genérico do solo que dista 10 cm de uma raiz absorvente, na qual se encontra M. Por difusão, esse seria o fluxo iônico do solo para a raiz.

O transporte de nutrientes por fluxo de massa, também chamado de fluxo por convecção, depende estritamente do fluxo de água, pois compreende a quantidade de nutrientes arrastados pela água por unidade de seção transversal ao fluxo por unidade de tempo. Se, por exemplo, o fluxo de água em determinado solo é de 0,2 $L.m^{-2}.dia^{-1}$, ou 0,2 $mm.dia^{-1}$, e a concentração de NO_3^- da água é de 6,2 $g.L^{-1}$, tem-se um fluxo de 1,24 mg de $NO_3.cm^{-2}.dia^{-1}$.

Os dois processos anteriormente descritos em separado ocorrem simultaneamente no transporte de nutrientes do solo às plantas. A importância de cada um varia de situação para situação. Além desses processos, a nutrição vegetal ainda é afetada pela extensão do sistema radicular das plantas. A questão pode ser posta da seguinte forma: ou o nutriente se move do solo para a raiz (difusão e transporte de massa) ou a raiz "se dirige" ou cresce para um ponto onde encontra o nutriente (interceptação radicular). Com isso, não pretendemos dizer que as raízes têm crescimento dirigido; elas crescem aleatoriamente e, ao crescerem, exploram novos volumes de solo onde os nutrientes se encontram.

A importância relativa da interceptação radicular, da difusão e do fluxo de massa na manutenção de uma concentração adequada de um nutriente próximo das superfícies de absorção das raízes é de difícil determinação. Mesmo para uma dada condição solo-planta, a importância relativa de cada processo varia com a hora do dia e de ponto para ponto dentro do perfil do solo.

INFLUÊNCIA DA CONDIÇÃO FÍSICA DO SOLO SOBRE O TRANSPORTE DE NUTRIENTES

Umidade do solo

A umidade do solo varia muito durante o ciclo vegetativo, diminuindo de modo gradual em quantidade, enquanto a evapotranspiração prossegue, aumentando abruptamente com a precipitação pluvial ou irrigação. A descrição do regime de água em uma cultura requer o conhecimento de variações de umidade e potencial da água no espaço e no tempo, o que é feito pelo balanço hídrico (Capítulo 15). Da mesma forma, do ponto de vista nutricional, é importante o conhecimento da umidade do solo e do seu potencial matricial. De maneira geral, o maior uso de nutrientes pelas plantas ocorre quando a umidade do solo é mantida tão alta quanto possível sem, porém, causar problemas de aeração e temperatura.

A umidade do solo, quando adequada, permite uma transpiração potencial pelas plantas; os nutrientes são arrastados por fluxo de massa à superfície radicular e, em muitos casos, arrastados para dentro da raiz até a parte aérea, pelo xilema. O fluxo de massa de nutrientes, diretamente proporcional ao fluxo de água no solo, é extremamente afetado pelas condições de umidade do solo. A condutividade hidráulica $K(\theta)$, que expressa a propriedade físico-hídrica do solo na transmissão de água, é função pronunciada da umidade do solo (θ). Ela se reduz de forma drástica para diminuições relativamente pequenas de θ; em geral, a relação $K(\theta)$ pode ser expressa por uma exponencial. É comum uma redução de K de 100 a 1.000 vezes para um decréscimo de 5% na umidade do solo. Ainda, o gradiente de potencial é importante. Muitas vezes um gradiente considerável implica um fluxo razoável, apesar de baixa condutividade hidráulica do solo. As raízes, ao retirar água do solo, diminuem seu potencial ao seu redor, aumentando o gradiente e possibilitando um fluxo adequado de água e nutrientes, mesmo para baixos valores de K.

Nota-se, então, que o fluxo de massa de nutrientes do solo para as plantas é afetado pela transpiração que, por sua vez, depende das condições atmosféricas e da umidade do solo que afeta a condutividade hidráulica do solo e o gradiente de potencial. Com essas variações no espaço e no tempo, torna-se complicada a descrição do fenômeno. Assim, os resultados da maioria das pesquisas sobre o assunto não podem ser generalizados. Com o mesmo solo e a mesma planta, em condições diferentes, podem ser obtidos resultados opostos. A umidade do solo também afeta a difusão de nutrientes. O efeito principal é a redução da área disponível ao fluxo, quando θ diminui. Além disso, o caminho efetivo de difusão aumenta com a diminuição de θ; notam-se, ainda, aumentos significativos de viscosidade e adsorção negativa.

Em condições de campo, as variações de θ no espaço e no tempo dificultam muito a descrição analítica do fenômeno. Da mesma forma como discutido no caso de fluxo de massa, não podem ser feitas generalizações com facilidade para o caso da difusão de nutrientes. Cada situação em particular deve ser analisada com cuidado, levando em conta a influência de todos os fatores em conjunto.

A umidade do solo afeta, ainda, o desenvolvimento radicular e, com isso, a "interceptação radicular" dos nutrientes. Altos teores de água afetam a aeração do solo, prejudicando o crescimento radicular, e baixos teores de água dificultam o fluxo de água no solo, aumentando seu potencial matricial, a ponto de impedir a absorção de água, prejudicando também o crescimento radicular. De modo indireto, variações da umidade também implicam variações na consistência do solo (propriedades mecânicas) de grande importância na penetração radicular.

Ar do solo

A aeração do solo na nutrição de uma cultura típica de terras altas está, em geral, relacionada com a atividade de microrganismos e com a respiração radicular. O suprimento de ar no solo é inversamente proporcional ao suprimento de água. Daí o dilema: altos teores de água são benéficos à nutrição, mas podem comprometer a atividade de microrganismos essenciais e a respiração radicular. Trata-se, portanto, de determinar um ponto ótimo entre o suprimento de água e ar às plantas na zona radicular. Na maioria das vezes, as atenções estão mais voltadas ao suprimento de água, uma vez que os problemas de aeração são, em geral, temporários, passando despercebidos em muitos casos.

A aeração do solo dá-se, sobretudo, por difusão. Em condições de solo não saturado, a água ocupa os poros de menor diâmetro, deixando para a difusão do ar os poros maiores. A relação entre o coeficiente de difusão D de um gás no solo e seu coeficiente de difusão D_0 no ar não é grande e, para condições médias de culturas de campo, a relação é da ordem de 0,6 vezes $(\alpha - \theta)$.

Estudos dos efeitos da aeração do solo sobre a nutrição vegetal encontram-se em grande número de trabalhos. No campo, qualquer restrição na aeração é, em geral, temporária e de difícil diagnóstico, e sua relação com a nutrição é bastante complexa. Condições anaeróbicas podem, por exemplo, promover a disponibilidade de Fe, Cu, Mo e Mn. Variações de potencial de oxirredução e pH, resultantes de variações na aeração, aumentam a complexidade do problema. No Capítulo 14 esse assunto já foi abordado em detalhe e não será repetido aqui.

Textura do solo

A análise textural caracteriza um solo do ponto de vista da distribuição dos tamanhos das partículas sólidas que o constituem. Essa distribuição lhe confere porosidade e arranjo de partículas característicos, que, por sua vez, determinam suas propriedades hídricas, como a condutividade hidráulica e a relação entre a umidade θ e o potencial matricial (a curva característica da água do solo). Essas propriedades hídricas afetam direta ou indiretamente os processos de absorção de nutrientes, isto é, a difusão, o fluxo de massa e a interceptação radicular. De maneira geral, porém, para dado sistema solo-planta, as características texturais são praticamente invariáveis com o tempo. Sua influência passa a ser mais indireta, isto é, por variações do teor de água do sistema.

Temperatura do solo

A disponibilidade e a absorção dos nutrientes são afetadas pela temperatura. Atividade microbiológica, solubilidade de compostos, coeficientes de difusão, absorção radicular, permeabilidade das raízes, atividade metabólica etc. são todos afetados por variações de temperatura. Estudos que relacionam variações de temperatura com absorção radicular e acúmulo de nutrientes nas plantas são numerosos e diversificados, dificultando uma interpretação global. De maneira geral, as atividades biológicas no solo aumentam com o aumento de temperatura, até um máximo em torno de 30 °C. Parece que a absorção de nutrientes tem diferente dependência da temperatura para os diversos nutrientes. Vários resultados de pesquisas demonstraram a complexidade da relação entre a absorção de nutrientes e a temperatura. Mesmo sob condições muito controladas, é difícil separar causas de efeitos em experimentos dessa natureza, o que torna praticamente impossível uma generalização a respeito do efeito da temperatura sobre a nutrição vegetal.

Sistema radicular

O tipo de sistema radicular e sua distribuição ao longo do perfil também são fatores de suma importância na absorção de nutrientes, em especial no que se refere à interceptação radicular. As gramíneas, hoje denominadas poáceas, por exemplo, têm um sistema radicular fasciculado, bem distribuído nas camadas superficiais do solo. Dicotiledôneas apresentam sistema radicular pivotante, com raiz principal que pode atingir grande profundidade. Em geral, sua distribuição segue um modelo exponencial, que decresce com a profundidade. Além disso, há os casos particulares, como o do café e o da laranja, que proliferam raízes absorventes em torno da saia da copa. Certas plantas do cerrado contam com uma raiz pivotante que alcança alguns metros de profundidade e lhe garantem a sobrevivência em períodos prolongados de seca.

BALANÇO DE NUTRIENTES

Da mesma forma como fizemos para a água no Capítulo 15, pode-se fazer um balanço de um nutriente em uma cultura, que é a contabilidade de todas as adições e subtrações do referido nutriente em uma camada de solo. Balanços são realizados para qualquer nutriente, mas dada a importância do nitrogênio, a maioria dos trabalhos encontrados na literatura refere-se a esse nutriente. Neste item, vamos apenas introduzir o assunto e falaremos, em especial, do nitrogênio.

Dada uma camada de solo de espessura L (cm), as seguintes componentes do balanço de nitrogênio são importantes:

- Adição por fertilizante mineral (FM). Nesse caso, as formas mais comuns de fertilizante nitrogenado são: ureia, sulfato de amônio, nitrato de amônio, nitrato de sódio etc.
- Adição por fertilizante orgânico (FO). Estercos, adubações verdes, resíduos de culturas anteriores e outros compostos orgânicos são os mais comuns.
- Adição por fixação biológica de nitrogênio atmosférico (FB). As leguminosas – feijão comum, soja, mucuna etc. – possuem a capacidade de, em simbiose com microrganismos (como *Rhizobium spp.*), fixar o nitrogênio atmosférico N_2 e, finalmente, transformá-lo em proteína. Outras plantas, como as gramíneas (poáceas), também podem fixar o N_2 atmosférico por uma associação não simbiótica com microrganismos encontrados no solo.
- Adição pela chuva (AC). Pequenas (mas não desprezíveis) quantidades de nitrogênio (em geral, na forma de amônia) podem ser adicionadas às culturas pelas chuvas. Trata-se de nitrogênio transformado em amônia durante descar-

gas elétricas na atmosfera. Hoje, dependendo da região, a poluição atmosférica pode também contribuir com compostos nitrogenados.

- Adição pela água de irrigação (AI). Aqui incluímos apenas o N porventura presente na água de irrigação. O caso da fertirrigação pode ser incluído aqui ou no primeiro item, o da FM.
- Extração ou exportação pelas culturas (EC). Cada cultura, no final de seu ciclo, possui quantidades razoáveis de nitrogênio. Como os produtos são tirados da área (grãos, frutos, tubérculos, massa verde etc.), representam perda de N para o solo. Daí a necessidade da reposição do N por meio de fertilizantes, a fim de manter a produtividade do solo. Mesmo os resíduos vegetais, muitas vezes, são queimados na área e, nessas condições, representam perda de nitrogênio. Apenas quando incorporados ao solo é que não são totalmente perdidos.
- Perdas por volatilização (PV). Trata-se da perda de nitrogênio pela passagem do estado sólido para o gasoso. Comumente se dá com fertilizantes. Assim, a ureia e o sulfato de amônio podem volatilizar-se e uma boa proporção pode ser perdida. O pH do solo, a temperatura e a forma de aplicação do fertilizante são os principais fatores que afetam a volatilização.
- Perdas por desnitrificação (PD). Em condições especiais, sobretudo de falta de oxigênio, microrganismos podem suprir suas necessidades de oxigênio usando o íon nitrato (NO_3^-). O resultado final dessa utilização é o N_2, passando por NO_2^-, NO e N_2O.
- Perdas por lixiviação (PL). Nitrogênio pode, também, ser perdido pela parte inferior do elemento de volume, na profundidade L, sendo arrastado pela água na forma de NO_3^-, NH_4^- ou compostos orgânicos humificados. Trata-se do arraste pela drenagem profunda.

Da soma algébrica dos nove itens apresentados (Figura 16.1) resulta o armazenamento (ou sua variação) de nitrogênio. Mesmo quando não há adições ou perdas, o nitrogênio, nessa camada, é extremamente dinâmico. Pelo processo de mineralização, ele passa de orgânico para mineral; por processos de absorção por microrganismos, ele pode passar de mineral para a fase orgânica. NO_3^- pode ser adsorvido por cargas positivas no solo e NH_4^+, por cargas negativas. Assim, a quantidade de N disponível para as plantas na solução do solo é bastante variável. Os processos que determinam essa disponibilidade são complexos e interdependentes.

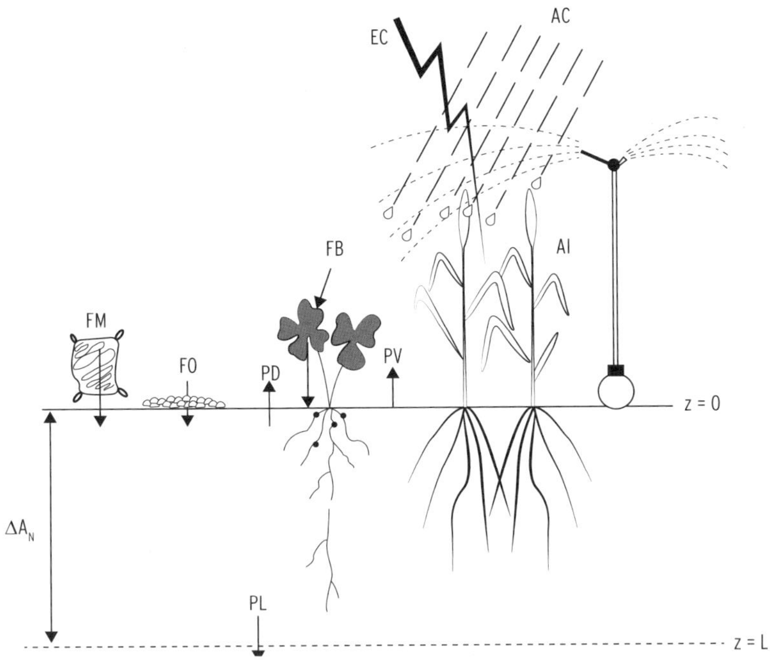

Figura 16.1: Esquema do balanço de nitrogênio. FM: fertilizante mineral; FO: fertilizante orgânico; FB: fixação biológica de nitrogênio atmosférico; AC: adição pela chuva e descargas elétricas; AI: adição pela água de irrigação (fertirrigação); EC: extração ou exportação pela cultura; PV: perdas por volatilização; PD: perdas por desnitrificação; PL: perdas por lixiviação.

USO DE ISÓTOPOS EM EXPERIMENTOS DE NUTRIÇÃO DE PLANTAS

Para entender os processos de absorção de nutrientes, a ferramenta isotópica sempre foi útil. Os isótopos são importantes e, talvez, a única maneira de acompanhar seu movimento desde o solo até as diferentes partes da planta. Os isótopos, tanto estáveis como radioativos, têm sido usados com sucesso como traçadores ou marcadores de seus respectivos elementos. Cada elemento da tabela periódica tem isótopos – átomos da mesma espécie –, que se comportam química e biologicamente da mesma forma, diferindo apenas em algumas propriedades físicas. Vários nutrientes possuem isótopos que possibilitam esses estudos. Eles têm, no núcleo, o mesmo número de prótons (que define o elemento), mas um número diferente de nêutrons, que os faz diferentes em termos de massa. O nitrogênio, por exemplo, tem 7 prótons, mas tem um isótopo com 7 nêutrons, o ^{14}N, e outro com 8 nêutrons, o ^{15}N. Assim, na natureza os isótopos são em sua maioria naturais, estando nela presentes desde a formação do planeta Terra; alguns são artificiais, produzidos pelo homem em laboratório por reações nucleares. Quando estáveis, diferem apenas no peso atômico; quando radioativos, emitem radiações. O importante é que ambos diferem de uma forma mensurável e podem ser detectados. Os isótopos estáveis são detectados por espectrômetros de massa, instrumentos capazes de distinguir pesos atômicos. Os isótopos radioativos são detectados por detectores de radiação, que incluem uma série de instrumentos, dependendo do tipo de radiação emitida pelo radioisótopo.

Os radioisótopos são isótopos instáveis que procuram sua estabilidade emitindo radiações. Estas podem ser detectadas facilmente e em quantidades mínimas, isto é, em concentrações tão baixas como 10^{-11} (1 para 100 bilhões). Cada radioisótopo tem suas próprias características e emite um ou mais tipos de radiação (em especial radiações α, β^-, β^+, γ e nêutrons), com uma ou mais energias e a uma taxa que depende de sua meia-vida. Como essa taxa decresce exponencialmente com o tempo, definiu-se a meia-vida ($T_{1/2}$) como o tempo necessário para que qualquer taxa de emissão se reduza à sua própria metade. Dependendo dessas propriedades, cada radioisótopo se apresenta adequado (ou não) para os diferentes usos como traçador. O tipo e a energia da radiação afetam sua detecção. Uma meia-vida curta pode limitar seu uso em experimentos de maior duração.

Os radioisótopos são encontrados na natureza, como é o caso do ^{3}H (tritium), ^{14}C, ^{40}K, ^{226}Ra, ^{235}U e outros. Alguns são produzidos continuamente por reações nucleares que ocorrem na atmosfera por indução da radiação solar ou cósmica, de tal forma que sua taxa de produção está em equilíbrio com a taxa de desintegração radioativa, apresentando, por isso, um teor global constante, como é o caso do ^{14}C; outros têm meias-vidas mais longas que a idade de nosso planeta e estão, até hoje, presentes no ambiente, constituindo-se de séries radioativas que se iniciam com urânio, tório e actínio, passam, por exemplo, pelo ^{226}Ra e terminam em algum isótopo do chumbo. A grande maioria dos radioisótopos utilizados como traçadores é, porém, produzida artificialmente em reatores nucleares. A Tabela 16.1 apresenta os principais radioisótopos usados como traçadores no SSPA.

Tabela 16.1: Alguns radioisótopos usados como traçadores no SSPA.

ISÓTOPO MAIS ABUNDANTE	RADIOISÓTOPO TRAÇADOR	ENERGIA DA RADIAÇÃO (MeV)		
		BETA	GAMA	MEIA-VIDA
Cálcio - 40	^{45}Ca	0,254		153 dias
Carbono - 12	^{14}C	0,156		5.720 anos
Césio - 133	^{137}Cs	0,520; 1,180	0,662	30 anos
Cobalto - 59	^{60}Co	0,310	1,170; 1,330	5,27 anos
Estrôncio - 88	^{89}Sr	1,470		50,4 dias
Enxofre - 32	^{35}S	0,168		86,7 dias
Hidrogênio - 1	^{3}H	0,0181		12,26 anos
Iodo - 127	^{131}I	0,610; 0,250; 0,850	0,360; 0,080; 0,720	8,05 anos
Magnésio - 24	^{28}Mg	0,450	0,032; 1,350; 0,950	21,3 horas
Manganês - 55	^{52}Mn	0,600	0,940; 1,460	5,7 dias
Fósforo - 31	^{32}P	1,710		14,3 dias
Potássio - 39	^{40}K	1,320	1,460	1,3 x 10^9 anos
Rubídio - 85	^{86}Rb	0,700; 1,770	1,080	18,7 dias
Zinco - 64	^{65}Zn	0,330	1,110	245 dias

Para usá-los como traçadores, cada um deles é adicionado ao respectivo isótopo estável, em quantidades que permitam sua detecção até o fim do experimento. Quando possível, devem ser adicionados na mesma forma química em que se apresenta o composto estável, sendo, dessa forma, verdadeiros traçadores. Se um estudo de fósforo envolve o superfosfato, o isótopo radioativo ^{32}P também deve estar presente na forma de superfosfato. Isso, às vezes, é mais difícil, como no caso de estudos com herbicidas, nos quais o ^{14}C deve ser incorporado à molécula complexa do respectivo agrotóxico.

O uso de isótopos em experimentos abrange enorme gama de formas, desde a simples presença do traçador em determinado ponto do sistema até seu acompanhamento em estudos dinâmicos. A base da maioria das aplicações está no princípio da diluição isotópica, segundo o qual para uma quantidade constante de radioatividade, a atividade específica é inversamente proporcional ao total do elemento ou substância presente no sistema. Isso significa que, para uma quantidade fixa de $^{40}CaCl_2$, quanto mais for adicionado de $CaCl_2$ estável, menor será a atividade específica da mistura (quando homogênea). Esse princípio permite, por exemplo, estimar, em uma planta, a quantidade de um nutriente que veio do fertilizante aplicado ao solo. Se em um estudo de adubação fosfatada for utilizado superfosfato marcado com ^{32}P, pode-se fazer, para o P que se encontra na planta, uma distinção entre aquele que vem do adubo e aquele que vem do solo.

Se um solo é fertilizado com um adubo que contém uma atividade específica a_e = 102.441 cps/mmol de fósforo e uma planta é nele cultivada, ela possui duas fontes de P, o adubo marcado e o P nativo do solo que não é radioativo. É fácil de entender que, se a planta só absorver P do fertilizante, no final sua atividade específica seria igual à do fertilizante. Por outro lado, se ela absorver só P do solo, sua atividade específica seria zero. Como ela absorve de ambos e de acordo com a disponibilidade de cada um, seu valor de atividade será intermediário. Colhendo a planta e medindo 35.758 cps/mmol de fósforo, resultaria em (35.758/102.441).100 = 35%, o que significa que, de todo P encontrado na planta, 35% vêm do fertilizante e 65%, do solo. Se a extração total da cultura foi de 15 $kg.ha^{-1}$ de P, 0,35.15 = 5,25 $kg.ha^{-1}$ de P vêm do adubo e 9,75 vêm do solo. A eficiência da adubação foi de (5,25/60).100 = 8,75%, se a adubação foi de 60 $kg.ha^{-1}$ de P.

Percebe-se, portanto, que, com o uso de marcadores, pode-se estudar eficiência de adubações, otimização da aplicação do fertilizante, taxas, épocas, respostas de culturas etc.

Os isótopos estáveis também podem ser empregados com os mesmos propósitos. Nem sempre certo elemento tem um radioisótopo adequado e, aí, se faz uso do isótopo estável, com a vantagem de não ser radioativo.

A base do uso dos isótopos estáveis está no conceito de abundância. A abundância dos ^{14}N e ^{15}N é praticamente constante em qualquer amostra biológica. Seus valores são 99,635% para o ^{14}N (mais abundante) e 0,365% para o ^{15}N. Por isso, a quantidade de ^{15}N em amostras enriquecidas pode ser expressa em termos de % de átomos em excesso sobre a abundância natural de 0,365%.

Processos dinâmicos nos quais o fluxo de compostos nitrogenados é afetado pelo peso atômico discriminam o ^{14}N do ^{15}N. Esse fenômeno é usado no laboratório para enriquecer amostras em ^{15}N. Utilizando baterias de longas colunas de troca iônica, sulfato de amônia pode ser enriquecido em ^{15}N. Dessa forma, pode-se ter sulfato de amônia enriquecido a altos níveis de ^{15}N. Por exemplo, uma amostra de sulfato de amônio com uma abundância de

10,365% de ^{15}N tem abundância em ^{14}N de 89,635%, e ela tem 10,000% de átomos em excesso de ^{15}N.

Esse fertilizante pode ser utilizado como um traçador em estudos agronômicos. Se um solo é fertilizado com esse material, a cultura nele estabelecida tem a sua disposição duas fontes de nitrogênio: o N nativo do solo com abundância 0,365%, e o fertilizante com abundância 10,365%. Como a cultura faz uso das duas fontes, na proporção de sua disponibilidade, é possível, ainda, calcular o nitrogênio derivado do fertilizante.

Se, por exemplo, a planta apresentar uma abundância de 7,855%, ela terá um valor de átomos ^{15}N em excesso de 7,855 - 0,365 = 7,490%, e o nitrogênio derivado do fertilizante será (7,490/10,000) × 100 = 65%.

As leguminosas têm uma terceira fonte de nitrogênio, o N_2 atmosférico, absorvido em simbiose com bactérias *Rhizobium spp.* que formam nódulos em suas raízes. Quando se quer fazer uma distinção dessa fixação biológica de nitrogênio (FBN), é preciso cultivar uma planta não fixadora de N_2 ao lado da leguminosa, no mesmo solo adubado com ^{15}N. Apesar de não ser uma leguminosa, ela deve ter porte e desenvolvimento semelhantes aos da leguminosa, para que a comparação seja razoável. Em muitos casos, utiliza-se uma poácea (gramínea) – como o trigo, a cevada, a aveia –, mas com a descoberta da fixação não simbiótica de nitrogênio atmosférico pelas poáceas, sobretudo a cana-de-açúcar, a escolha da planta não fixadora deve ser bem pensada.

Imaginemos que, no exemplo anterior, a planta tenha sido a cevada e que plantas de soja cultivadas na mesma situação tivessem uma abundância de 5,136%. A abundância da soja é menor pelo fato de ela ter três fontes de N e, por isso, absorver menos fertilizante marcado. Nesse caso, pode-se calcular que, do N contido na soja, 36,3% vieram da atmosfera, e os restantes 63,7% vieram tanto do solo como do fertilizante, em uma proporção que não pode ser calculada e, por certo, diferente daquela da cevada.

Outra forma de usar isótopos estáveis como traçadores é por meio de pequenas (mas significativas) variações naturais de abundância. Como já dissemos, processos dinâmicos que ocorrem no SSPA levam à discriminação de isótopos. Quando a água de um tanque Classe A evapora, esse processo de mudança de fase discrimina os dezoito tipos isotópicos da água, e os mais leves evaporam com mais facilidade. Assim, depois de algum tempo, a água que permanece no tanque fica um pouco enriquecida em ^{18}O e ^{2}H. Em outros processos dinâmicos há discriminação do ^{15}N em relação ao ^{14}N, do ^{13}C em relação ao ^{12}C, e assim por diante. Como essas variações de abundância são muito pequenas, uma medida mais sensível é utilizada: a razão isotópica δ.

As plantas discriminam os isótopos do C no processo fotossintético. As tipo C_3 (ver Capítulo 4) têm valores de $\delta\ ^{13}C‰$ na faixa de -11 a -14, ao passo que as plantas C_4, de -25 a -30 $^{13}C‰$. Esse fato torna possível o estudo de aspectos interessantes no ciclo do carbono em diferentes ecossistemas, como é feito na comparação do armazenamento de carbono (ou estoque de carbono) no solo em florestas naturais tropicais (constituídas, sobretudo, por espécies C_4) e em pastagens introduzidas (principalmente com plantas C_3). Até diferenças no pastoreio de gado (entre gramíneas e leguminosas) podem ser estudadas pelos valores de $\delta\ ^{13}C$ encontrados em suas fezes.

O uso da relação $\delta\ ^{13}C$ também é bastante útil em estudos do balanço global do carbono na atmosfera. O aumento da concentração de CO_2 no ar atmosférico é uma preocupação em relação às mudanças que ocorrem no planeta Terra, incluindo o efeito estufa. No balanço do carbono, são importantes as emissões de CO_2 pela queima de combustíveis fósseis e, do ponto de vista agrícola, a mudança de áreas com florestas para pastagens e culturas agrícolas, que também provoca emissões pela queima do estoque de carbono contido nas florestas de forma estável. A retirada de carbono da atmosfera, chamada, nesses estudos, de *sequestro de carbono*, é feita pela fotossíntese, sobretudo por algas marinhas, florestas, pastagens e culturas agrícolas. O balanço entre emissão e sequestro define os níveis de CO_2 na atmosfera.

A principal controvérsia sobre a origem das causas do aquecimento global, caracterizado pelos aumentos de temperatura do ar registrados nas últimas décadas, é ser causada por processos naturais ou pela influência antrópica por causa dos aumentos da concentração de CO_2 na atmosfera, provenientes da queima de material orgânico, petróleo e carvão.

EXERCÍCIOS

1. Como saber da necessidade de nutrientes de um solo?
2. Enumere os fatores de solo que afetam a disponibilidade de nutrientes no solo.
3. Compare a construção do balanço de nutrientes com o balanço hídrico.
4. Como os isótopos podem nos ajudar nos problemas de nutrição de plantas?

Considerações finais

Restam poucos sistemas sobre a crosta terrestre nos quais o homem não tenha interferido. No outro extremo, muitos já se encontram com a capacidade de regeneração esgotada, tal a interferência humana. Estamos atrasados na questão do uso de recursos naturais de forma sustentável. Não faz muito tempo, admitíamos que a água, o ar, o solo, as florestas, os peixes dos oceanos eram inesgotáveis. E seriam mesmo inesgotáveis se a raça humana não tivesse desobedecido à regra mais fundamental da biodiversidade e tivesse controlado sua população (Figura 1). Somam-se a isso os altos níveis de sofisticação e exigência atingidos por vários povos utilizados como padrão ou modelo para uma maioria designada de subdesenvolvida ou em desenvolvimento.

As necessidades de alimento e energia para atender aos mais de 7 bilhões de indivíduos que atualmente habitam este planeta devastam nossos ecossistemas. Já dissemos que a agricultura por si só é uma atividade que modifica a paisagem de forma brusca (Figura 1.2, Capítulo 1); no Brasil, transforma florestas ou cerrados em campos de soja, milho, cana-de-açúcar que se perdem no horizonte. Para altas produtividades agrícolas, mais demandadas por aspectos econômicos do que de alimentação, o solo é maltratado, envenenado por agrotóxicos, deixado à mercê da erosão, levado à salinização e, muitas vezes, à degradação. O Brasil é o campeão mundial na aplicação de agrotóxicos, são toneladas e toneladas atiradas ao meio ambiente.

Assim, a procura por uma mentalidade voltada à sustentabilidade, para deixar a crosta terrestre em condições de equilíbrio para "todas" as gerações futuras, chega tarde, mas sempre em tempo. É preciso que haja uma mudança nos conceitos de desenvolvimento humano, o que é muito difícil. Nosso planeta não suportaria a população atual se ela estivesse, em sua totalidade, em um nível de desenvolvimento como as populações europeia e norte-americana.

O Prêmio Nobel de Química de 1995, Paul Josef Crutzen, é um estudioso das mudanças ocorridas devidas à explosão da população de *Homo sapiens*, mudanças essas que após a Revolução Industrial do século XVIII se mostram todas com aumentos de forma exponencial até os dias de hoje. É o caso, por exemplo, do uso da água doce, uso de fertilizantes, população urbana, consumo de papel, número de barragens, comunicação por telefone, número de restaurantes McDonald's (o preço de um hambúrguer do McDonald's é frequentemente utilizado em estudos econômicos para comparar o poder de compra de moedas de diferentes países), teor de gases de estufa na atmosfera, e assim por diante. Essas mudanças, segundo Crutzen, já são tão significantes e marcantes que ele sugere uma nova era dos tempos geológicos, que denominou de ANDROPOCENO, a era de atuação ativa do homem. Publicado na revista *Philosophical Transactions* em 2011, o Andropoceno já é uma realidade em estudos de impacto ambiental. (Crutzen, 2002)

Figura 1: Quatro ilustrações do excesso de população humana em diferentes locais e situações.

Paul Josef Crutzen

- Químico holandês.
- Nobel de Química de 1995.
- Estudo sobre a formação e decomposição do ozônio na atmosfera.

Figura 2: Paul Josef Crutzen.

Fonte: Teemu Rajala. Disponível em: https://commons.wikimedia.org/wiki/File:Paul_Crutzen.jpg (CC BY 3.0). Acessado em: 17 jul. 2016.

Outra face da mesma moeda é a do aquecimento global. Sem entrar na polêmica das causas desse evento, o importante é que ele está aí e afeta muitos processos tratados neste texto, relacionados à água, ao solo, à planta e à atmosfera. Na atmosfera, o primeiro efeito está no balanço das radiações. A radiação solar que atinge o planeta será praticamente a mesma nos próximos milênios, mas a radiação que abandona a Terra tem diminuído gradativamente nos últimos anos por causa das variações da composição da atmosfera, tornando o balanço mais positivo e provocando o aquecimento global da crosta terrestre. Ao leigo, esses aumentos da temperatura média do planeta (1 a 5°C em 50 a 100 anos), mostrados frequentemente na mídia, podem parecer insignificantes, mas eles causam, na verdade, mudanças climáticas pronunciadas. Além da sensação de mais calor, com verões que passam dos 50°C em várias regiões do globo, os invernos tornam-se mais amenos, as reservas de neve e gelo eternos diminuem, o nível dos oceanos sobe e uma série de outros efeitos contrários ao equilíbrio sustentável dos ecossistemas acontecem. Os ciclos dos elementos, principalmente do C e do N, são alterados.

Para a agricultura, são de importância as distribuições de temperatura do ar, do regime de chuvas e de eventos pico cada vez mais pronunciados e de ocorrência errática. Esperam-se, assim, novos zoneamentos para culturas e animais, produtividades alteradas, perdas de solo agriculturável, pastagens degradadas etc. As mudanças no regime pluviométrico podem exigir maior uso da irrigação nas faltas de água e da drenagem nos excessos. As temperaturas mais altas podem acelerar a decomposição da matéria orgânica do solo e assim afetar sua capacidade de retenção de água, sua macroporosidade, o pH e todos os outros fatores dependentes destes. Aumentará a procura por variedades mais resistentes às temperaturas altas e aos déficits de água. Haverá um maior desequilíbrio nas populações de insetos e pragas, que, por sua vez, acarretá um maior uso de agrotóxicos e de fertilizantes. A lista de problemas é interminável, e uma agricultura sustentável fica cada vez mais difícil.

Este texto procura dar aos leitores uma breve noção sobre o funcionamento dos ecossistemas, com a pretensão de colaborar no sentido de propagar, entre nossos cidadãos, uma visão mais voltada à sustentabilidade. A Figura 3 mostra um estádio inicial de uma cultura de soja plantada no sistema de plantio direto, que é uma tentativa de cultivo com impacto menor ao meio ambiente. A palha da cultura anterior protege a superfície do solo da radiação solar direta, retém a água do solo por mais tempo, mantendo-o mais úmido e em melhores condições para os microrganismos, evita o uso de herbicidas para o controle das ervas daninhas e, o mais importante, torna a cultura mais produtiva.

Figura 3: Superfície do solo protegida pela palha.

Fonte: cortesia de J.C. Sá.

A Figura 4 também ilustra o plantio direto de milho, cuja produtividade média no Brasil é da ordem de 5 mil kg de grãos/ha. Essa cultura, portanto, apresenta mais que o dobro da produtividade média do país.

Figura 4: Produção de 12 mil kg/ha de grãos de milho em cultivo sob plantio direto. Fonte: cortesia de J.C. Sá.

Controle biológico de insetos e pragas, irrigações realizadas com mais critério, controle mais rigoroso da erosão do solo, uso racional de fertilizantes, controle mais efetivo das perdas, desde a colheita ao consumidor final, entre outras, são práticas que buscam uma maior sustentabilidade de nossos agroecossistemas. Esperamos contribuir para que mais práticas dessa natureza sejam adotadas e para que um número maior de responsáveis pelo uso de nossos solos se torne ainda mais consciente e se empenhe em minimizar o impacto do homem sobre o SSPA.

Referências

ALLEN, R.G.; PEREIRA, L.S.; RAES, D.; SMITH, D. Crop evapotranspiration. *FAO*. Roma, art. 56, p. 326, 1998.

CRUTZEN, P.J. Geology of mankind. *Nature*. v.415, p.23. Disponível em: http://www.nature.com/nature/journal/v415/n6867/full/415023a.html. Acessado em: 14 jul. 2016.

FANCELLI, A.L.; DOURADO NETO, D. *Produção de milho*. Guaíba: Agropecuária, 2000.

FRIED, M.; BROESHARD, H. *The soil-plant system in relation to inorganic nutrition*. Nova York: Academic Press, 1967, p.357.

GOMES JR., D.G.; STOLF, R.; PEREZ, J.G.; PINTO, V.M.; REICHARDT, K. Soil Physical Quality of Brazilian Crop Management Systems Evaluated with Aid of Penetrometer. *Journal of Agricultural Science*. Toronto. v.8, p.120-127, 2016.

KIEHL, E.J. *Manual de edafologia*. São Paulo: Agronômica Ceres, 1979.

LIBARDI, P.L. *Dinâmica da água no solo*. 2.ed. São Paulo: Edusp, 2012, p.346.

MALAVOLTA, E. *Manual de química agrícola: nutrição de plantas e fertilidade do solo*. São Paulo: Agronômica Ceres, 1976.

REICHARDT, K.; TIMM, L.C. *Solo, planta e atmosfera: conceitos, processos e aplicações*. 3.ed. Barueri: Manole, no prelo.

REICHARDT, K.; TIMM, L.C.; SILVA, A.L.; BRUNO, I.P. O SPD mantendo o equilíbrio dinâmico da matéria orgânica. *Visão Agrícola*. Piracicaba, v.9, 2009, p.59-62.

SCHWANTES, A. P. Armazenamento de água no solo de uma cultura de soja medido por tensiômetros de polímero e estimado por diferentes métodos agrometeorológicos. Dissertação (Mestrado) – Esalq/USP, São Paulo, 2013.

VEIHMEYER, F.J.; HENDRICKSON, A.H. Methods of measuring field capacity and wilting percentages os soil. *Soil Science*. v.68, p.75-94, 1949.

Índice remissivo

FSC
www.fsc.org
MISTO
Papel produzido a partir de fontes responsáveis
FSC® C116137

A Editora Manole utilizou papéis provenientes de fontes controladas e com certificado FSC® (Forest Stewardship Council®) para a impressão deste livro. Essa prática faz parte das políticas de responsabilidade socioambiental da empresa.

A Certificação FSC garante que uma matéria-prima florestal provenha de um manejo considerado social, ambiental e economicamente adequado, além de outras fontes controladas.